U0322480

《谈科技·说力学》 武际可 著　ISBN:978-7-04-051007-2

本书收录了作者近年来的二十七篇文章。有几篇是从日常见到的事物开始谈论力学原理，从中引出新的科学技术研究方向，并对这些方向进行介绍。有几篇是关于科学史和介绍在力学史上有重要贡献人物的文章，这些文章有助于了解力学与别的学科的关系，特别是从中可以体味出力学和数学、物理、工程的密切关系，认识力学是近代科学和工程技术的基础。此外还有几篇是谈论与数学有关的科普文章。最后的四篇文章，是关于科学和基础研究方面的论述。本书对于要进一步了解力学与科学技术关系的学生、教师和广大读者，是一本有启发性的参考书。

《拉家常·说力学》武际可 著　ISBN:978-7-04-024460-1

本书收集了作者近十多年来发表的32篇科普文章。这些文章，都是从常见的诸如捞面条、倒啤酒、洗衣机、肥皂泡、量血压、点火等家常现象入手，结合历史典故阐述隐藏在其中的科学原理。这些文章图文并茂、文理兼长、读来趣味盎然，其中有些曾获有关方面的奖励。本书可供具有高中以上文化读者阅读，也可以供大中学教师参考。

《诗情画意谈力学》王振东 著　ISBN:978-7-04-024464-9

本书是一本科学与艺术交融的力学科普读物，内容大致可分为"力学诗话"和"力学趣谈"两部分。"力学诗话"的文章，力图从唐宋诗词中对力学现象观察和描述的佳句入手，将诗情画意与近代力学的发展交融在一起阐述。"力学趣谈"的文章，结合问题研究的历史，就日常生活、生产中的力学现象，风趣地揭示出深刻的力学道理。这本科普小册子，能使读者感受力学魅力、体验诗情人生，有益于读者交融文理、开阔思路和激发创造性。

《伟大的实验与观察——力学发展的基础》　武际可 著
ISBN:9978-7-04-050669-3

本书共收录了关于力学发展史上最伟大的实验与观察的15篇文章。内容包括：漫谈杠杆原理；斯蒂文的尖劈；第谷的观测与开普勒的行星运动定律；伽利略的斜面上下落实验；碰撞问题；玻意耳的抽气筒；惠更斯的摆钟；郑玄的弓和胡克的弹簧；伯努利的流体动力学；焦耳的热功当量实验；卡文迪许的万有引力实验；湍流；傅科的转动指示器；金属的疲劳；沃尔夫定律。本书可以供高中生、理工科大学生、教师、科研工作者以及对科学史感兴趣的读者阅读和参考。

《创建飞机生命密码（力学在航空中的奇妙地位）》 乐卫松 著
ISBN:978-7-04-024754-1

本文从国家决定研制具有中国自主知识产权的大客机谈起，通过设计的一组人物，用情景对话、访谈专家学者的方式，描述年轻人不断探索，深入了解整个飞机研发过程中，力学在航空业中特别奇妙的地位。如同人的遗传密码DNA，呈长长的双螺旋状，每一小段反映人的一种性状，飞机的生命密码融入飞机研发到投入市场的长历程，力学乃是组建这长长的飞机生命密码中关键的、不可或缺的学科。这是一篇写给大学生和高中生阅读的通俗的小册子，当然也可供对航空有兴趣的各界人士浏览阅读。

《力学史杂谈》 武际可 著　ISBN:978-7-04-028074-6

本书收集了作者近20年中陆续发表或尚未发表的30多篇文章，这些文章概括了作者认为对力学发展乃至对整个科学发展比较重要而又普遍关心的课题，介绍了阿基米德、伽利略、牛顿、拉格朗日等科学家的生平与贡献，也介绍了我国著名的力学家，还对力学史上比较重要的理论和事件，如能量守恒定律、梁和板的理论、永动机等的前前后后进行了介绍。本书对科学史有兴趣的读者，对学习力学的学生和教师，都是一本难得的参考书。

《漫话动力学》 贾书惠 著　ISBN:978-7-04-028494-2

本书从常见的日常现象出发，揭示动力学的力学原理、阐明力学规律，并着重介绍这些原理及规律在工程实践，特别是现代科技中的应用，从而展示动力学在认识客观世界及改造客观世界中的巨大威力。全书分为十个专题，涉及导航定位、火箭卫星、载人航天、陀螺仪器、体育竞技、大气气象等多个科技领域。全书配有大量插图，内容丰富而广泛；书中所引的故事轶闻，读起来生动有趣。本书对学习力学课程的大学生是一本很好的教学参考书，书中动力学在现代科技中应用的实例可以丰富教学内容，因而对力学教师也大有裨益。

《涌潮随笔——一种神奇的力学现象》　林炳尧 著
ISBN:978-7-04-029198-8

涌潮是一种很神奇的自然现象。本书力图用各个专业学生都能够明白的语言和方式，介绍当前涌潮研究的各个方面，尤其是水动力学方面的主要成果。希望读者在回顾探索过程的艰辛，欣赏有关涌潮的诗词歌赋，增加知识的同时，激发起对涌潮、对自然的热爱和探索的愿望。

《科学游戏的智慧与启示》 高云峰 著 ISBN:978-7-04-031050-4

本书以游戏的原理和概念为线索，介绍处理问题的方法和思路。作者用生动有趣的生活现象或专门设计的图片来说明道理，读者可以从中领悟到如何快速分析问题，如何把复杂问题简单化。本书可以作为中小学生的课外科普读物和试验指南，也可以作为中小学科学课教师的补充教材和案例，还可以作为大学生力学竞赛和动手实践环节的参考书。

《力学与沙尘暴》 郑晓静 王 萍 编著 ISBN:978-7-04-032707-6

本书从一个力学工作者的角度来看沙尘暴、沙丘和沙波纹这些自然现象以及与此相关的风沙灾害和荒漠化及其防治等现实问题。由此希望告诉读者对这些自然现象的理解和规律的揭示，对这些灾害发生机理的认识和防治措施的设计，不仅仅是大气学界、地学界等学科研究的重要内容之一，而且从本质上看，还是一个典型的力学问题，甚至还与数学、物理等其他基础学科有关。

《方方面面话爆炸》 宁建国 编著 ISBN:978-7-04-032275-0

本书用通俗易懂的文字描述复杂的爆炸现象和理论，尽量避免艰深的公式，并配有插图以便于理解；内容广博约略，几乎涵盖了整个爆炸科学领域；本书文字流畅，读者能循序渐进地了解爆炸的各个知识点。本书可供高中以上文化程度的广大读者阅读，对学习兵器科学相关专业的大学生也是一本很好的入门读物，同时书中的知识也能帮助爆炸科技工作者进一步深化对爆炸现象的理解。

《趣味振动力学》 刘延柱 著 ISBN:978-7-04-034345-8

本书以通俗有趣的方式讲述振动力学，包括线性振动的传统内容，从单自由度振动到多自由度和连续体振动，也涉及非线性振动，如干摩擦阻尼、自激振动、参数振动和混沌振动等内容。在叙述方式上力图避免或减少数学公式，着重从物理概念上解释各种振动现象。本书除作为科普读物供读者阅读以外，也可作为理工科大学振动力学课程的课外参考书。

《音乐中的科学》 武际可　著　ISBN: 978-7-04-035654-0

　　本书收录了二十几篇与声学和音乐的科学原理相关的文章，涉及声音的产生和传播、声强的度量、建筑声学、笛子制作、各种乐器的构造和发声原理等。本书对中学、大学，包括艺术类专业的师生都是一本很好的课外读物；对于广大音乐爱好者和对自然科学感兴趣的读者，以及这些方面的专业人员也是一本难得的参考书。

《谈风说雨——大气垂直运动的力学》 刘式达 李滇林　著
ISBN: 978-7-04-037081-2

　　本书以风、雨为主线，讲解了20个日常生活中人们普遍关心的大气科学中的力学问题，内容包括天上的云、气旋和反气旋、风的形成、冷暖气团相遇的锋面、龙卷风和台风等。本书图文并茂，通俗易懂，可供对力学和大气科学感兴趣的学生和教师参考。

《趣话流体力学》 王振东　著　ISBN: 978-7-04-045363-8

　　本书是一本科学与艺术交融的流体力学科普读物，力图从中国古代诗词中对流体力学现象观察和描述的佳句入手，将诗情画意与近代流体力学的内容交融在一起阐述。希望就自然界和日常生活中的流体力学现象，风趣地揭示出深刻的力学道理。本书是一本适合文理工科大学生、大中专物理教师、工程技术人员及诗词和自然科学爱好者的优秀读物。

《趣味刚体动力学（第二版）》 刘延柱　著　ISBN: 978-7-04-049968-1

　　本书通过对日常生活和工程技术中形形色色力学现象的解释学习刚体动力学。全书包括67个专题，均以物理概念为主，着重内容的通俗性与趣味性。本书除作为科普读物外，也可作为理工科大学理论力学课程的课外参考书。希望读者在获得更多刚体动力学知识的同时，能对身边的力学问题深入思考，增强对力学课程的学习兴趣。理工科大学本科生可通过对专题注释的阅读，提高利用力学和数学模型分析解释实际现象的能力。

北京市科学技术协会科普创作出版资金资助

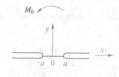

大众力学丛书

材料力学趣话

——从身边的事物到科学研究

蒋持平　编著

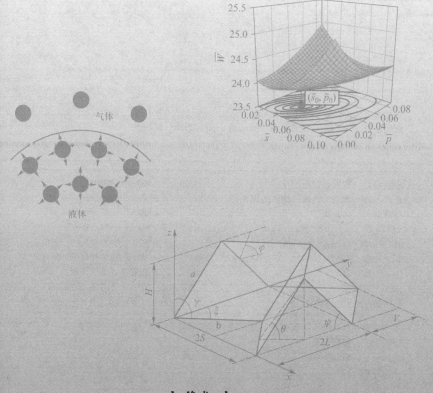

高等教育出版社·北京

图书在版编目（ＣＩＰ）数据

材料力学趣话：从身边的事物到科学研究／蒋持平编著. --北京：高等教育出版社，2019.5
（大众力学丛书）
ISBN 978-7-04-051832-0

Ⅰ. ①材…　Ⅱ. ①蒋…　Ⅲ. ①材料力学-普及读物
Ⅳ. ①TB301-49

中国版本图书馆 CIP 数据核字（2019）第 081248 号

策划编辑　王　超　责任编辑　王　超　封面设计　李小璐　版式设计　马　云
插图绘制　于　博　责任校对　刘娟娟　责任印制　赵义民

出版发行	高等教育出版社	咨询电话	400-810-0598
社　　址	北京市西城区德外大街 4 号	网　　址	http：∥www. hep. edu. cn
邮政编码	100120		http：∥www. hep. com. cn
印　　刷	北京中科印刷有限公司	网上订购	http：∥www. hepmall. com. cn
开　　本	850mm×1168mm　1/32		http：∥www. hepmall. com
印　　张	8.75		http：∥www. hepmall. cn
字　　数	210 千字	版　　次	2019 年 5 月第 1 版
插　　页	2	印　　次	2019 年 5 月第 1 次印刷
购书热线	010-58581118	定　　价	39.00 元

本书如有缺页、倒页、脱页等质量问题，请到所购图书销售部门联系调换
版权所有　侵权必究
物 料 号　51832-00

中国力学学会《大众力学丛书》编辑委员会

中国力学学会《大众力学丛书》
总　序

　　科学除了推动社会生产发展外，最重要的社会功能就是破除迷信、战胜愚昧、拓宽人类的视野。随着我国国民经济日新月异的发展，广大人民群众渴望掌握科学知识的热情不断高涨，所以，普及科学知识，传播科学思想，倡导科学方法，弘扬科学精神，提高国民科学素质一直是科学工作者和教育工作者长期的任务。

　　科学不是少数人的事业，科学必须是广大人民参与的事业。而唤起广大人民的科学意识的主要手段，除了普及义务教育之外就是加强科学普及。力学是自然科学中最重要的一个基础学科，也是与工程建设联系最密切的一个学科。力学知识的普及在各种科学知识的普及中起着最为基础的作用。人们只有对力学有一定程度的理解，才能够深入理解其他门类的科学知识。我国近代力学事业的奠基人周培源、钱学森、钱伟长、郭永怀先生和其他前辈力学家非常重视力学科普工作，并且身体力行，有过不少著述，但是，近年来，与其他兄弟学科（如数学、物理学等）相比，无论从力量投入还是从科普著述的产出看来，力学科普工作显得相对落后，国内广大群众对力学的内涵及在国民经济发展中的重大作用缺乏有深度的了解。有鉴于此，中国力学学会决心采取各种措施，大力推进力学科普工作。除了继续办好现有的力学科普夏令营、周培源力学竞赛等活动以外，还将举办力学科普工作大会，并推出力学科普丛书。2007年，中国力学学会常务理事会决定组成《大众力学丛书》编辑委员会，计划集中出版一批有关力学的科普著作，把它们集结为

《大众力学丛书》，希望在我国科普事业的大军中团结国内力学界人士做出更有效的贡献。

这套丛书的作者是一批颇有学术造诣的资深力学家和相关领域的专家学者。丛书的内容将涵盖力学学科中的所有二级学科：动力学与控制、固体力学、流体力学、工程力学以及交叉性边缘学科。所涉及的力学应用范围将包括：航空、航天、航运、海洋工程、水利工程、石油工程、机械工程、土木工程、化学工程、交通运输工程、生物医药工程、体育工程等等。大到宇宙、星系，小到细胞、粒子，远至古代文物，近至家长里短，深奥到卫星原理和星系演化，优雅到诗画欣赏，只要其中涉及力学，就会有相应的话题。本丛书将以图文并茂的版面形式，生动鲜明的叙述方式，深入浅出、引人入胜地把艰深的力学原理和内在规律介绍给最广大范围的普通读者。这套丛书的主要读者对象是大学生和中学生以及有中学以上文化程度的各个领域的人士。我们相信它们对广大教师和研究人员也会有参考价值。我们欢迎力学界和其他各界的教师、研究人员以及对科普有兴趣的作者踊跃撰稿或提出选题建议，也欢迎对国外优秀科普著作的翻译。

丛书编委会对高等教育出版社的大力支持表示深切的感谢。出版社领导从一开始就非常关注这套丛书的选题、组稿、编辑和出版，派出了精兵强将从事相关工作，从而保证了本丛书以优质的形式亮相于国内科普丛书之林。

中国力学学会《大众力学丛书》编辑委员会
2008年4月

序 言
Preface

　　常有年轻朋友问及科学前沿，这里转述一个通俗形象的说法：以人为心画个圆表示身边的世界，圆有上通道伸向宇宙深空，下通道伸向微观，科学要为人类谋福祉，主阵地在圆内，身边的事物关系到我们的衣食住行。

　　本书从国际公认的报道自然科学领域最高水平成果的《Science》《Nature》等刊物选取材料力学相关题材，结合作者的科研与教学体会，以科普小专题的形式将其介绍给读者。大道至妙，大道至美，大道至简，许多高端原创的核心思想和发现，中学文化程度的读者能探其奥妙，大学生、研究生和高端科技人员也会拍案叫绝。

　　丰收的田野，成熟的大豆得及时收获。当豆荚绽开螺旋形笑脸时，籽粒已被弹射播种到大地了。想想人类的弹射装置，有动力、传力和控制系统，多复杂！豆荚的弹射却仿佛只是它全寿命多功能优化设计中不经意的一环。豆荚的双层正交纤维结构是籽粒盔甲的完美力学设计。表层叶绿素协助叶制造营养，内层兼运输通道。籽粒成熟后，正交纤维层自然干枯引起不匹配收缩，产生残余应力弹射籽粒。科学家在思考，豆荚柔性致动器设计的新概念能否给人类传动技术带来革命？

　　碧绿的菜畦前，达尔文曾被黄瓜卷须的魔幻般表演迷住：细长直须在微风中舞姿曼妙，接触到攀援物后，前端拴紧，然后自盘卷缩短，拉动整个藤蔓攀援。更神奇的是，老卷须受拉时盘圈数不减反增，刚度先缓慢、然后连续且急剧地增加。这样挂满瓜的藤能在微风中轻舞，狂风袭来时又有"定力"护瓜。对比人类的安全带，由完全松弛到一下刚性锁紧，不仅舒适度低，还引起过灾难性事故。力学奥秘揭开，原来卷须是豆荚的力学"姊妹"，对简单双层预应力条模型略作修改，就具有了另一种神奇的魔力！

　　北美大地捕蝇草叶片在为创造了植物捕食动物的奇迹而笑。那沾着"蜜汁"的叶片是可怕的罗网，0.1～0.2秒就会合拢，让昆虫有翅难逃。这种神技与古战场峡谷的滚石阵、陪伴我们童年梦幻的啪啪尺、航天器的自展开装置有相同的力学原理。只不过在功力上，人类还处在"菜鸟级"，自然已修炼到"钻石级"了。

　　仰望星空，火星上有神秘嵌套裂纹；俯视大地，干涸的湖泊与凝固的火山岩浆"湖面"有优雅的周期分级裂纹，它们是环境变化的科学密码；登故宫看国宝，那"开片"艺术陶瓷表面行云流水般的自然裂纹图案让我们思考科学与艺术的关联；关注工程前沿，临近空间高超声速飞行器的陶瓷热防护系统、燃气轮机的陶瓷涂层提出了陶瓷热震失效的研究课题。随着热震温差的增加，陶瓷试件的热震裂纹增多变长，剩余强度突降后却在相当范围内保持不变，反映了物质世界具有普遍意义的动态平衡与灾变。我们曾长期不加节制地排污，似乎依旧白云悠悠，流水清澈，因为自然有强大的自净平衡的能力。可是突然雾霾来了，江河湖泊臭了，暴雨大旱等极端天气降临了，要恢复原有生态，需付出高昂的代价。

　　海潮给金色的沙滩送来形状奇特、色泽艳丽的贝壳，牛顿曾用它来比喻自己的科学发现，流露出未见科学大洋之怅惘。或许牛顿时代还没认识到贝壳就是科学大洋的一颗明珠，它展示了跨尺度力学设计如何创造超级强韧化的奇迹。鲍鱼壳的珍珠母层是跨尺度力学的华彩乐段，由脆性低强度碳酸钙（仅 0.5 微米厚的文石晶片）添加 5% 的生物胶制造，晶片间的矿物桥更是力学设计的神来之笔。珍珠母层的发育是先长矿物桥"树干"，后生文石晶片"叶"，自然简单，却给人类的仿生提出了挑战：如何制造和砌这天文数字的超薄片，还架设矿物桥？当然，人类应当对自己的创造力充满信心，科学家独辟蹊径，以定向生长的冰棱为模分割陶瓷悬浮液，在仿生方面取得了长足的进步。

林间小路上的浪漫情趣不意被黏黏的蜘蛛网黏走。别着恼，且收住脚步端详这另一款自然超柔韧材料，它是用普通的蛋白质加氢键（弱的化学键）创造的奇迹。其奥秘也在于跨尺度力学设计，其华彩段是氢键如按扣扣住了纳米绳，当拉力达到一定大小时，氢键打开，宏观显现大变形，并形成独特的线弹性–软化–非线性硬化性质。而这独特性质又服务于建造超级带缺陷捕虫网，即昆虫撞网时，所有的丝协同捕捉。如果猎物大过网的承载能力，靶载丝急剧硬化，牺牲自己保住全网。所以自然界难找没有缺陷的蜘蛛网，有缺陷的网照样捕虫。

"骤雨打新荷"的夏日诗情沿历史长河飘来。科学家也在研究水滴落疏水面的现象，发现在疏水面加合适的脊纹，可以大大缩短水滴回跳时间。此项研究对减轻冻雨凝固在飞机、风力发动机叶片、输电线路等表面造成的冰灾影响有重要应用价值。循着亲水与疏水的研究线，我们会看到纳米布沙漠的雾姥迎风"斗"雾的奇景，原来它在用亲疏水相间的背部收集雾水饮用。这样的亲疏水图案经人厌槐叶萍稍加变化，又成为水下聚气闭水的法宝。受自然的启示，人类制造了多雾缺雨山区的拦雾网、自清洁玻璃等。

环顾身边，复合材料的应用日益增长，智能化程度日益提高，因而有学者称我们的时代是合成材料与智能材料时代。复合

材料
力学
趣话

材料的细观力学方法也能够用于研究电磁热声光等有效物理性能，并揭示这些完全不同的物理现象在数学本质规律方面的惊人相同或相似，揭示复合材料可以产生组分材料所没有的新性质，揭示组分材料的随机分布引起有效性质突变的规律。

折纸是童趣，是艺术。人类折纸技艺的精湛复杂连我们自己都感到惊叹。自然却发展了简约奇妙的折纸技法：树芽展叶，花蕾绽开，昆虫伸翼，飞鸟亮翅，地表皱褶……千姿百态的薄片展开或收拢，都是一气呵成。师法自然，我们大大简化了卫星的太阳能电池板的折叠和展开，开发了具有超常泊松比、变形自锁、力学性能可调的超材料，设计了折纸型可编程物质、折纸型机器人。用 DNA 折纸术制造的纳米尺度地图，一滴水能装 500 亿份。

或许读者朋友想自己动动手了。正好近年作者承担了北京航空航天大学国家级材料力学精品课和资源共享课、北京市级力学实验教学中心的建设工作，虽然通过验收，却有一个外人难以察觉的短板——学生对新开设的创新实验选修课积极性不高，这促使作者放弃了一个重要科研课题的申请，集中精力思考这门课的创新问题。

根据豆荚弹射和黄瓜卷须攀援开发的"双层预应力条实验"于 2012 年秋首次开课，受欢迎程度远超预期。原定 30 人的课程，几天就有 280 余人报名，不得不提前截止报名。报名的学生中有不少文科生，最先完成作品的就是一位外语系的女同学。她准备充分，还提前向修自行车的师傅学习了橡胶粘结手艺。看着她的作品呈现魔术般的变形性质，大家欢呼雀跃，封她为当日的"科学女皇"，簇拥着她手举杰作绕实验桌一周……本书力求避开繁复的理论公式（少量可跳过），通过图和小实验引入绝妙却极简的力学创新核心。

最后，我要感谢当年在读的硕士生和博士生对本书的贡献，他们是尚伟、侯慧龙、武小峰、柴慧、严鹏、陈富利、刘清潍、康博奇和郭乾坤；感谢实验室姜开厚老师和后来的赵婧老师；感谢中国科学院力学研究所宋凡和郎颖峰研究员；感谢《大众力学丛书》编委会武际可、戴世强、王振东教授和王超编辑。本书应武际可教授邀约，大部分短文曾在《力学与实践》发表。

蒋持平

于北京

2016 年

目 录
Contents

§1

Section

豆荚 I：弹射播种

摘要 本章从豆荚弹射传播种子时形成美妙的自扭螺旋引出当代力学交叉领域的课题，介绍豆荚精巧的双层正交显微组织及其在保护籽粒、输导和储存营养物质、协同绿叶进行光合作用等方面的多功能优化；介绍籽粒成熟后，豆荚两层组织自然枯萎失水，在正交的方向不同步收缩积累变形能，无须另外供能便可及时将成熟的籽粒弹射出去的精妙力学设计。

1.1 从小学语文课文到科学研究

如序言所说，科学要为人类谋福祉，科学的主阵地在我们的身边。本书就从曾经的小学语文课文《植物妈妈有办法》开始，其中有一节：

"豌豆妈妈更有办法，

"她让豆荚晒在太阳底下。

"啪的一声，豆荚炸开，

"孩子们就蹦跳着离开妈妈。"

老师的讲述生动形象，或许还有妙趣横生的录像，可能我们

1

自己还会动手晒爆豆荚做个科学小实验。这些都那么令人难以忘怀。

郊游就是寻找童年记忆的机会。金秋，斑斓的丰收大地，醉人的穗实清香。忽然"啪啪啪"几声悦耳熟悉的爆裂声打断了我们的沉思，原来在身旁没及时收割的大豆地里，有豆荚在阳光和清风的抚摩下爆裂了，将籽粒弹射出来。孩提时代学到的植物传播种子的知识也随着这弹射声回到我们的脑际。

那真是八仙过海，各显神通：有潇洒的风力传播，像木蝴蝶、云杉、百合、郁金香的种子自带了薄片形状的"飞行器"遨游天下，风滚草乘风滚动洒播种子；有优雅的水力传播，像松叶菊、马齿苋的果实在大雨中开裂让种子随水流旅行，椰子壳就是天然游泳圈，载种子飘过茫茫大海到孤岛上安家；有死缠烂磨的搭载传播，像苍耳、鬼针草等的种子外表具有倒钩、刺毛、黏液一类的粘附器，依附动物的皮毛或禽鸟的羽毛奔向或飞向远方；也有投桃报李的友情搭载传播，像山葡萄、冬青、南天竹、铁冬青、榕树等的种子坚硬的表皮外有美味果肉，鸟兽食后将种子排泄安置在遥远的原野山巅，作为对馈赠美味的答谢，还回送一抔优质肥料；刚才见到豆荚的劲射则是自力更生的弹射传播，在这个队伍中还有芝麻、油菜、喷瓜等，其中喷瓜成熟后内部浆液胀破果皮，携带种子竟能喷出五六米远……

或许，我们会俯身摘下几个开裂的豆荚，赏玩赏玩那自然形成的美妙扭转螺旋面（一片左手螺旋，一片右手螺旋）。然后呢，可能是笑笑，扔了，继续自己的金秋梦幻游。

同样的生活趣事，如果与有准备的科学家邂逅后会发生什么呢？从书名知道，我们不涉及生物学、农学等其他领域的科学家激动人心的成果，单道似乎与之关系不大的力学家。他们在玩赏之余，还想问个究竟：为什么是这样美妙的螺旋面？怎样形成的？这一问就引出了本章将要向读者介绍的力学研究成果，发表在国际公认报道自然科学领域最高水平成果的刊物之一

《Science》上[1,2]。请看图1.1中两位邀请科学家开展研究的豆荚"信使"，是不是非常眼熟，在手中玩赏过却没有留意到它们的研究邀请？

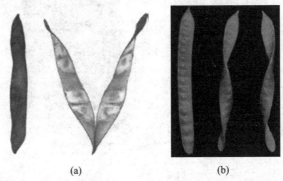

(a)   (b)

图1.1 (a)[1]、(b)[2]两种豆科植物的种子荚，
其中A为未爆裂，B为已爆裂

也许我们还在疑惑：这司空见惯又不起眼的豆荚，真有很大的研究价值？那就想想，人类设计一个弹射装置，必须有传力机构、控制装置、供能系统，多复杂。有道是曾经科海难为简，豆荚两片，再简单不过。它是怎样做到的呢？让我们继续跟踪科学家的研究。

1.2 豆荚的显微组织

研究从观察豆荚的显微组织开始。原来看似简单的豆荚有精巧独特的组织。以豆科植物紫荆花(bauhinia)的种子荚[1]为例[图1.1(a)]，肉眼就可观察到其分为两层，内层为浅色，外层为深色。在显微镜下(图1.2)可见，豆荚内层由死的厚壁组织[3]的纤维细胞构成；外层分上表皮和下表皮，都由拉长的厚壁活细胞组织构成。从图1.2可以看到，豆荚内外两层纤维的方向大致互相正交(即互相垂直)，且都与豆荚长轴方向成45°角。

材料
力学
趣话

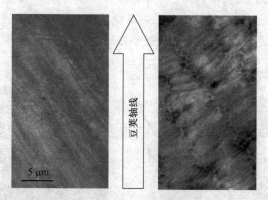

图 1.2　豆科植物紫荆花种子荚的组织，左图为内层，
右图为外层，箭头指向豆荚轴线方向[3]

　　为了确认豆荚的正交纤维铺层结构，对豆荚进行不同角度的
X 射线扫描[1]，发现在 360° 的范围内，透光强度在 4 个方向达到
最大值[图 1.3(a)]，对应于内外两层正交纤维的方位；剥去豆荚
外层，透光强度则在两个成 180° 角的方向达到最大值[图 1.3
(b)]，对应于内层单向纤维的方位。

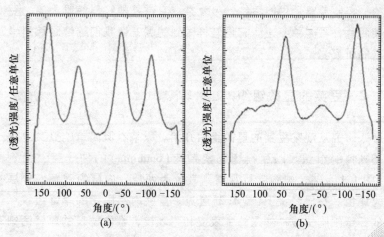

图 1.3　紫荆花种子荚组织的 X 射线透光强度图：
（a）完整种子荚扫描；（b）内层扫描[1]

1.3 全寿命多功能优化

了解豆荚的显微结构后，暂不急于研究它的弹射原理。与人类通常头痛医头脚痛医脚的单一功能设计不同，自然材料一般是全寿命多功能的整体优化设计。人类对它们的认识如瞎子摸象，一个功能一个功能地了解，最后拼起来，才得到完整的图像。这不奇怪，豆科植物用绿色装点我们的地球已经有数千万年的历史，它积累的知识自然需要我们多花点时间了解。

人类首先认识的可能是豆荚保护籽粒的功能。1.2节已经介绍，豆荚选择的是双层正交纤维复合材料结构。我们知道，纤维复合材料层合结构具有高比强度、高比韧性、低比重量和可设计性等一系列优点。虽然人类广泛的应用现代意义的人工合成复合材料还只有几十年，但应用自然藤蔓纤维复合材料的历史已经很悠久了。例如《三国演义》第九十回中提道：

"乌戈国主引一彪藤甲军过河来，金鼓大震。魏延引兵出迎，蛮兵卷地而至。蜀兵以弩箭射到藤甲之上，皆不能透，俱落于地；刀砍枪刺，亦不能入。蛮兵皆使利刀钢叉，蜀兵如何抵挡，尽皆败走。"

诸葛亮不得已设计引敌入谷，火攻灭之。望着藤甲兵"皆死于谷中，臭不可闻，孔明垂泪而叹曰：'吾虽有功于社稷，必损寿矣！'左右将士无不感叹。"让我们一起为和平祈祷，不要将科技成果用于人类的自相残杀。

研究还表明，豆荚是叶片的同源器官[4,5]，具有完整的光合作用功能结构，其光合产物对籽粒的生长发育有一定贡献。尤其在鼓粒后期(图1.4)，当叶片光合作用能力开始下降时，豆荚的光合作用产物将对籽粒增重起到不容忽视的作用。

豆荚外层拉长的厚壁组织活细胞，除了与内层一起组成牢固的防护屏障外，还具有输导和储藏营养物质的功能。研究表

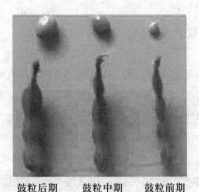

鼓粒后期　　鼓粒中期　　鼓粒前期

图 1.4　豆荚不同时期的形态图

明[4,5]，豆荚与籽粒输运系统越畅通的大豆品种，其光合作用效率就越高，产量也越高。

　　豆荚也是节能的模范。活体器官都需要消耗养分。豆荚内层的厚壁组织纤维长成后就成为死细胞，以不消耗养分的最佳方式护卫籽粒。

1.4　弹射的力学杰作

　　豆粒成熟了，豆荚内外层还要携手完成它们最后的神圣使命：将籽粒弹射出去，让本物种第二年春天在更广阔的大地上繁衍生息。

　　豆荚这最后的劲射，给人类作了一次精彩的科学示范。它完全去掉了人类设计中控制装置、供能系统、传力机构等复杂结构，于"无形无为"中完成了由我们看来很复杂的操作：籽粒成熟，豆荚完成了它的护籽盔甲、输导通道、光合作用等使命，老去干枯，于是与轴线成45°角的双层正交纤维沿正交方向收缩，每一片都自动变形成为图 1.1 那样的螺旋形，一片是左手螺旋，一片是右手螺旋，形成内力，引起爆裂弹射。

豆荚是自然干枯积聚变形能，因而不需要另外提供能量，不需要改变自身结构，依籽粒成熟时间自动定时，从护卫籽粒到弹射籽粒的转换犹如行云流水，一气呵成。

写到这里，我们不禁对这不起眼的豆荚产生敬意。我们已有礼赞、歌颂或吟咏白杨、松树、秋菊、冬梅、落花生等的大量名篇，也应该有一位大作家赞一赞豆荚，为它生前死后始终如一的奉献，为它举重若轻完成复杂多样的工作所展现的智慧，因为奉献与智慧正是人类文明最美的花朵。

豆荚螺旋形(图1.1)的形成简单之极——由两个单向收缩合成，却展示了魔术般的变形性质，是自然生命不朽的力学杰作，我们将在下一章继续介绍。

参考文献

[1] ARMON S, EFRATI E, KUPFERMAN R, et al. Geometry and mechanics in the opening of chiral seed pods[J]. Science, 2011, 333(6050): 1726-1730.

[2] FORTERRE Y, DUMAIS Y. Generating helices in nature[J]. Science, 2011, 333(6050): 1715-1716.

[3] 周兆祥. 树皮的厚壁组织[J]. 植物杂志, 1987(1): 26-27.

[4] 苍晶, 王学东, 崔琳, 等. 大豆豆荚与叶片的光合特性比较[J]. 中国农学通报, 2005, 21(2): 85-87.

[5] 刘洪梅, 李英, 卜贵军, 等. 大豆豆荚光合物质转运与分配对籽粒发育的影响[J]. 核农学报, 2008, 22(4): 519-523.

材料
力学
趣话

§2

Section

豆荚 Ⅱ：螺旋魔术

摘要　本章介绍豆荚开裂后螺旋形状的形成原理。采用双层弹性薄片在互相垂直的方向分别收缩的力学模型，说明了豆荚的非协调变形，解释了残余应力的形成；进而由残余应力引起拉伸与弯曲应变能的竞争解释了为什么弹性条具有魔术般的变形能力，给出了相关计算公式并讨论了条宽与裁剪角对螺旋形状的影响。

从力学上说，§1介绍的豆荚弹射籽粒后变形成优雅的螺旋形（§1参考文献[1，2]）是由它自然干枯产生的残余应力引起的。我们先简单回顾残余应力的概念。

2.1　残余应力

残余应力是指没有外部因素作用时，为使物体内部保持平衡而存在的应力。物体因存在残余应力而存储了应变能。

我们经常与残余应力打交道。例如，沸水倒入玻璃瓶时，接触沸水的内壁瞬间膨胀，使外壁产生拉应力，外壁反过来也给内壁压应力。如果玻璃的强度不够就会炸裂。物件或路面也会因老化胀缩不均引起残余应力开裂。最可怕的当属地震，这是地球内部运动引起地壳积聚残余应力后的突然断裂，或者说地壳应变能的突然释放。

人们也学会了利用残余应力。例如，预应力钢筋混凝土，在浇注时预拉钢筋，使预制件在不受外力时保持钢筋受拉，混凝土受压，以充分发挥混凝土压缩强度高的性能。我们熟悉的自行车车轮的钢丝也要拧紧以保持适度的预应力（即残余应力），如图 2.1 所示。

图 2.1　车轮的钢丝要拧紧以保持适度的预应力

剪断车轮的几根钢丝，钢圈会变形，这是因为将存在预应力或残余应力的物体切开，切开处的应力释放，整个物件的应力将重新分配。这也是豆荚魔术般的螺旋变形的力学原理。

2.2　豆荚的力学模型

为了研究豆荚的变形性质，我们建立如图 2.2 所示的力学模型：单层厚 $t/2$ 的双层弹性薄片正交（即互相垂直）收缩（未画出收缩）。不失一般性，设上层沿左右方向，下层沿前后方向发生了相同的收缩。沿虚线剪下宽为 w 的条。从1.2豆荚的显微组织一节可以知道，豆荚的力学模型是裁剪角 $\theta=45°$ 的条。

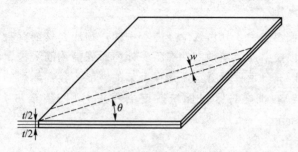

图2.2 豆荚变形的力学模型

图2.2所示的力学模型简单却有奇妙的变形性质，是生命智慧的杰作。我们不打算跟踪科学家，采用较为深奥的变形非协调弹性力学（incompatible elasticity）和张量数学工具进行严谨的定量研究，而是借助基本力学原理和初等几何知识，与读者一起赏析它的力学应用创新。

为了便于理解，先考虑一个更简单的模型：仅上面薄层左右单向收缩。显然沿前后方向变形相同，可以仅研究图2.3的截面。

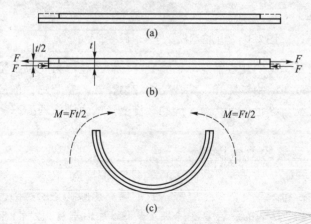

图2.3 仅上层单向收缩的模型

　　首先设两层没有粘结，上层自由收缩后［图2.3（a）］，对上层施加一对拉伸外力，同时对下层施加一对与之大小相等的压缩外力（沿板边的分布力），使两层长度变为相同，并在此状态下将两层粘合［图2.2（b）］，最后卸去外力。卸去外力引起的变形等效于反向施加一对大小等于 $Ft/2$ 的外力偶引起的变形［图2.2（c）］。可见，仅一层单向收缩的结果是形成一个圆柱面（图2.4的上图）。

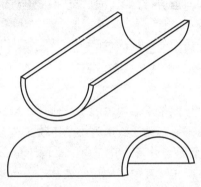

图2.4　双层弹性薄片在正交方向同时单向收缩
相当于两个圆柱面的正交"强制"粘合

　　如果假设仅下薄层沿前后方向收缩，则会得到图2.4下图的柱面。显然，双层结构在正交方向同时单向收缩，就相当于两薄圆柱面背对背正交"强制"粘合。这就是非协调弹性力学（incompatible elasticity）中非协调（incompatible）的含义。

　　在图2.4两圆柱面被"强制"粘合后，上层内力试图恢复开口向上的圆柱面，下层内力试图恢复与上层垂直的开口向下的圆柱面，上下两层角力的结果就形成残余应力（又称预应力）。

　　2.2节我们已经介绍过人类对残余应力的应用，但是仍然为豆荚的力学模型设计所震撼。它仅两层，简到不能再简——一层就不能产生残余应力了，但是经豆荚这样设计，普通材料和简单模型就有了魔术般的变形能力。

2.3 "变形魔条"

从图 2.2(也参见图 2.4)的力学模型剪下一个小圆片,这时上下层在角力中势均力敌,在各自的主曲率方位占优,丁是形成图 2.5 的类鞍形曲面,其中所画的两组正交的曲线表示两个主曲率方位(对应两薄层在左右和前后收缩的方位)。

图 2.5 剪下的小圆片
形成的类鞍形面

但是图 2.2 模型的整体(长和宽都远大于厚度)却不会形成类鞍形。它可能是上层内力起主导作用,弯成开口向上的圆柱面,可能是下层内力起主导作用,弯成开口向下的圆柱面,也可能由于材料性质或内力小的不确定成为不规则的形状(参见 §3)。不管是类鞍形、开口向上或向下的圆柱形还是其他不规则的形状,都与豆荚的螺旋面相差甚远,也看不出有什么神奇的性质,这或许是豆荚的变形机制迟迟没有被揭示的一个原因。

豆荚力学模型的创新核心是沿图 2.2 模型的 $\theta = 45°$ 方向裁条,它向人类展示了一个意想不到的"力学变形魔术"。

原来,豆荚力学模型中存在面内拉压应变能 E_s 和柱面弯曲应变能 E_b。对于裁剪角 $\theta = 45°$ 的条

$$E_s \sim tw(\kappa_0 w)^4 \tag{2.1}$$

$$E_b \sim t^3 w \kappa_0^2 \tag{2.2}$$

式中,~表示近似成正比;t、w 和 κ_0 分别是条的厚、宽和参考曲率(参考曲率由沿主曲率方向剪下一非常窄的条测定)。根据最小能量原理,在残余应力体所有可能的形状中,实际形状对应于应变能的最小值。于是,条的形状变化归结到拉压和弯曲应变能的竞争。式(2.1)和式(2.2)显示,条的拉压和弯曲应变能分

别与条宽 w 的 5 次方和 1 次方成正比，所以宽条的拉压应变能占主导地位，螺旋面轴线位于一个圆柱面（图 2.6 左图），其半径为

$$r = \frac{1}{(1-\nu)\kappa_0} \qquad (2.3)$$

式中，ν 是泊松比。螺旋面轴线升角（等于裁剪角）$\theta = 45°$，因而螺距为

$$p = 2\pi r = \frac{2\pi}{(1-\nu)\kappa_0} \qquad (2.4)$$

条的形状为一个圆柱面螺旋（图 2.6 左图）。

窄条的弯曲应变能占主导地位时，条的形状为一个纯扭转螺旋（图 2.6 右图）。纯扭转螺旋的轴线为直线，半径和螺距分别为

$$r = 0, \qquad p = \frac{2\pi}{\kappa_0} \qquad (2.5)$$

从拉压应变能主导的圆柱面螺旋到弯曲应变能主导的纯扭转螺旋，有一个临界条宽。令式（2.1）等于式（2.2），我们得到临界条宽（略去了一个比例系数）：

$$w = \sqrt{t/\kappa_0} \qquad (2.6)$$

图 2.6　圆柱面螺旋
与纯扭转螺旋

研究表明，从圆柱面螺旋到纯扭转螺旋的变化是连续的，但是过渡区间很小，是一个急剧的变化。

图 2.6 左图的宽条与从没有残余应力的半径为 r 的圆柱面裁剪下来的条形状相同，都为圆柱面螺旋，但是在力学性质上却有质的区别。我们不妨设计一个小魔术来说明它们的区别。

制备两个外形相同，即都是圆柱面螺旋的宽条（制备方法参见§3），其中一个条有残余应力，一个没有。让两位观众检查，确认二者相同。然后仿照魔术师故弄玄虚，口中念念有词，对着一个条吹口"仙气"，叫声"变直"，再让这两位观众分别从宽条上剪下一窄条。"魔法"应验了：吹了"仙气"的那个圆柱面

螺旋剪开后轴线变直了，成了纯扭转螺旋，而另一个剪开后轴线依然保持原来的圆柱面螺旋形状。

豆荚的自身设计服务于物种繁衍的需要（弹射传播种子），纤维角度 $\theta = 45°$ 是它的最佳选择。如果纤维角度 θ 可以变化（纤维角度对应于力学模型的裁剪角），那么条的形状怎样改变呢？

根据式（2.6）定义无量纲条宽 $\tilde{w}$ 为

$$\tilde{w} = w\sqrt{\kappa_0/t} \qquad (2.7)$$

科学家发现条的形状由两个无量纲参数 θ 和 $\tilde{w}$ 控制。图 2.7 是条的形状随纤维角度 θ 和无量纲宽度 $\tilde{w}$ 的变化。

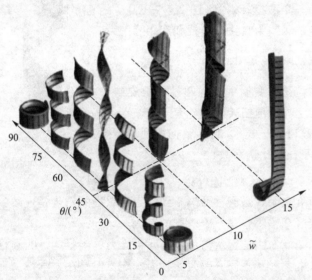

图 2.7 条的形状随纤维角度 θ 和无量纲宽度 $\tilde{w}$ 的变化

为了便于描述，分别定义无量纲螺距 $\tilde{p}$ 和无量纲半径 $\tilde{r}$ 为

$$\tilde{p} = p\kappa_0, \quad \tilde{r} = r\kappa_0 \qquad (2.8)$$

图 2.7 表明，对于窄条，当 $\theta = 0°$ 和 90° 时，条像蛇一样盘缠。从 0° 到 45°，条从盘缠逐渐向上伸展成为螺旋，螺距 $\tilde{p}$ 逐渐

变大，到 $\theta = 45°$ 时达到最大值；半径 $\tilde{r}$ 逐渐变小，到 $\theta = 45°$ 变
为 0° 时，条由圆柱面螺旋变为纯扭转螺旋。从 45° 到 90°，变化
趋势相反，同时内面变为外面。无量纲螺距 $\tilde{p}$ 和无量纲半径 $\tilde{r}$
随 θ 的变化如图 2.8 所示，其中离散点表示实验结果。

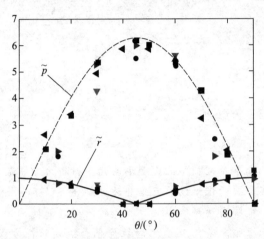

图 2.8　无量纲螺距 $\tilde{p}$ 和无量纲半径 $\tilde{r}$ 随 θ 的变化（§1 参考文献[2]）

　　当 θ 从 90° 增加到 180° 时，条的形状变化似乎在重复从 0° 到
90° 的"故事"，但是仔细观察，就会有惊人的发现：螺旋的旋向
改变了，即从左手螺旋变为右手螺旋。不经意间，变形魔条向我
们揭示了螺旋旋向变化的奥秘：它不取决于材料的内在性质，而
是取决于条的几何参数。

　　参见 §3，具有残余应力的宽条还有一种"魔力"，其圆柱
螺旋面的内侧可以翻转成为外侧，并且螺旋的形状不变。无残余
应力的宽条没有这个性质。

　　看到这里，也许读者想动手体验一下了。是的，陆游诗云：
"纸上得来终觉浅，绝知此事要躬行。"读书是需要的，理论也
是需要的，但也不能总是坐而论道，要有实践。那好，我们就进
入下一章的趣味实验。

材料
力学
趣话

§3

Section

豆荚Ⅲ：趣味实验

摘要 本章介绍模拟豆荚变形的两个材料力学扩展型趣味实验。一个实验将两张纸纹路互垂叠放并粘合，沿不同角度裁成条浸入水中，观察由两层纸各向异性膨胀所引起的螺旋变形。另一个实验将两橡胶薄条沿互垂方向拉伸粘合，按同样方式裁成条，观察卸去外力后由两层橡胶各向异性收缩所产生的螺旋变形，测量螺旋参数，研究条具有的魔术般的变形性质。

现在介绍根据豆荚的力学模型(§1参考文献[1，2])设计的两个趣味实验。

3.1 趣味纸条实验

取普通纯木浆复印纸一张，对光一照，可以看到纤维大致平行分布，显示与豆荚的子层有相似的正交各向异性力学性质。如图 3.1 所示，将纸对折裁成两张，然后相对旋转 90°后叠放并粘合(用固体胶以防止粘合时纸条皱褶变形)，制成与豆荚相似的双层正交各向异性弹性纸片。将粘合成的双层纸片裁成条，其中

裁剪角 θ 和宽度 w 取不同值，t 为双层纸条厚度。将纸条浸入水中，不久就可以观察到它们变形成不同形状的螺旋。

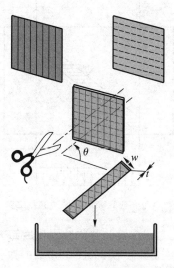

图 3.1　双层纸条浸入水中的变形实验

　　两层纸条浸入水中产生各向异性膨胀，豆荚两层组织自然失水产生各向异性收缩。由力学分析知道，两者所引起的残余应力和变形具有对应性。

　　纸条实验简单，但是纸的各向异性膨胀量难以调整，且纸条在水中刚度太小，定形能力不足，不方便测量。为了定量测量，观察规律性，可以换用橡胶薄片做实验。

3.2　双层预应力橡胶条实验

　　从生活用普通橡胶手套上剪取平整的薄片。如图 3.2 所示，将尺寸相同的两橡胶薄片沿正交方向分别拉伸，使其伸长到预先设定的量，然后用自行车补胎胶将其粘结，制作成预应力双层橡胶片。

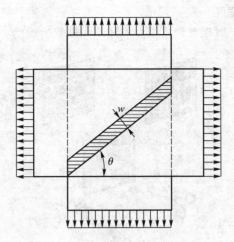

图 3.2　双层预拉力橡胶薄条实验

　　等粘结的预应力双层橡胶片的胶固化后卸去外力，在粘合的双层区域裁条(图 3.2 中的阴影区)，裁剪时取条宽 w 和裁剪角 θ 的不同值，得到不同形状的螺旋。

　　先观察裁剪角对螺旋形状的影响。保持条的宽度 w 不变(小值)，分别取 $\theta = 0°$，$15°$，$30°$，$45°$，$60°$，$75°$ 和 $90°$，实验结果如图 3.3 所示。

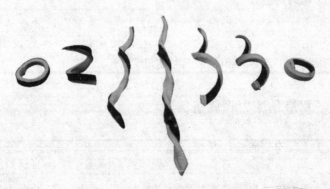

图 3.3　不同裁剪角对应的螺旋形状

图 3.3 的实验结果验证了理论预报，当裁剪角 θ 从 0°增加到 45°时，条的变形从盘缠经历圆柱面螺旋变成纯扭转螺旋；当 θ 从 45°增加 90°时，条又经历圆柱面螺旋变回盘缠，同时细心的读者还会发现，螺旋的黑色的外侧成为了内侧。

当裁剪角由 0°变到-90°时，条的形状变化规律与图 3.3 相同，但是螺旋的旋向变了，由左手螺旋变成了右手螺旋。图 3.4 显示了 θ 为 45°和-45°时相同宽度的条的对比，左图为左手螺旋，右图为右手螺旋。

再观察条宽对螺旋形状的影响。如图 3.5 所示为沿 $\theta=45°$ 方向剪下的条。左条是宽条，呈现圆柱面螺旋；右条是从左条剪下来的窄条，变成了纯扭转条，因为轴线变直，所以显得长了一些。

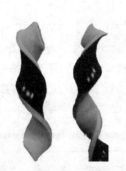

图 3.4　螺旋的手性特征　　　图 3.5　宽条和窄条的螺旋形状

非常有趣的是，沿 $\theta=45°$ 方向剪下的较宽的条反向卷曲后也能保持稳定。图 3.6 是同一个条的两种稳定的螺旋形态。右条是对左条螺旋施加外力反向卷曲而成，这时螺旋的母圆柱面轴线由铅垂变为水平，外力卸去后不会自动恢复到初始卷曲。更有趣的是，这样反向卷曲后，除了螺旋的白色内侧变为外侧外，螺旋的形态完全不变，仍然是左手螺旋，且母圆柱面半径和螺距也不变。

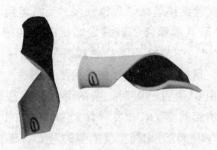

图 3.6　双稳态结构的宽条

　　具有图 3.6 中两个稳定形态的结构称为双稳态结构。双稳态结构有非常有趣的应用，我们将在 §4 进一步讨论。

　　§2 中我们曾介绍过，可以利用图 3.5 中宽条剪开后由螺旋圆柱面弯曲变为纯扭转弯曲的性质设计一个科学小魔术。同样，我们可以利用图 3.6 中宽条的双稳态性质再设计一个科学小魔术。该魔术需要两个道具，一个是图 3.6 所示的条，另一个是外形相同但没有残余应力的条。我们知道，无残余应力的条没有反向卷曲的稳定态。像 §2 的小魔术一样，也可以添一点噱头。

　　螺旋的母圆柱面半径 r 和螺距 p 的计算公式见 §2 的式 (2.3) 和式 (2.4)，式中 κ_0 是沿主曲率方向剪下一很窄的条的曲率，可由实验测定。根据我们的计算，测定 κ_0 后，由理论公式预报的母圆柱面半径 r 和螺距 p 精度很高。

　　我们要做理论预报，又要由实验来测定关键参数 κ_0，这样会不方便。若采用 §2 图 2.3 的力学模型，可以用材料力学的方法推导出一个简洁的公式，但是精度很低。这不奇怪，因为材料力学研究小变形，假定了力和变形成线性（正比）关系，而本实验中橡胶发生大变形，材料的应力应变关系呈现强非线性，特别是压缩弹性模量与拉伸弹性模量不相等。所以这个问题想用材料力学方法精确地做定量分析是不行的，需要深入的专门知识。当然这个原创性发现的核心——双层预应力条的力学模型，却是很简明的。

3.3 实验选修课花絮

北京航空航天大学材料力学实验室曾开设一门扩展型实验选修课，作为申报国家级力学基础课教学基地、国家级材料力学精品课和资源共享课、北京市级力学实验教学中心的一个亮点，定位是实验创新。虽然上述项目都顺利通过评审，但是这个实验创新课的亮点却有名不副实之嫌，学生积极性并不高。因此，作者决定放弃一个重要的科研课题申请，集中精力思考这个问题。

根据《Science》中的论文开发的"双层预应力条实验"既体现基础性——材料力学复合梁和预应力两个知识点的综合应用，又体现先进性——最新的科学研究。研究生尚伟和实验室姜开厚高工参与了这个新实验的开发。下面是所遇到的一些具体问题和解决办法，可能对想动手尝试一下的读者有所帮助。

首先是材料。原想买薄的橡胶片，但在市场上没有发现，最后只好从橡胶手套上裁条，不知读者能否找到更合适的材料。

然后是粘结用胶。实验室原有贴应变片的 502 胶，还有 A、B 胶，但是发现用它们粘结，橡胶条会变硬失去弹性，后来改用自行车补胎胶，解决了问题。

还有橡胶条要在拉伸情况下粘结，还要等胶固化，操作的不便可由一个小夹具解决。图 3.7 是拉伸一片橡胶的小夹具，将橡胶片一端粘在角铝上，再由螺栓固定在板上，另一端的板钻有不同距离的孔，将条拉到预定拉伸长度后，同样由螺栓固定。只要底座的木板宽一点，就可以在垂直方向加一个同样的装置拉伸另一片橡胶。小夹具能精确控制橡胶片的拉伸长度，很实用。

"双层预应力条实验"于 2012 年秋首次开课。实验课老师为吸引学生，将其取名为"变形魔条"。课程出乎意料地受学生欢迎，不少文科学生都来了。原定 30 人的课程，没几天就报了 280余人，不得不提前截止报名，婉言谢绝后报名的学生。

材料
力学
趣话

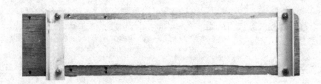

图 3.7 拉伸一片橡胶的小夹具

最先完成作品的竟然是一位外语系的女同学。她准备充分，还提前向修自行车的师傅学习了橡胶粘结手艺。其中出现了一个插曲。待粘结固化后，卸去外力一看，双层橡胶片变成皱巴巴的，别说是螺旋曼妙的风姿，就连螺旋的影子都看不到。同学们一脸狐疑，七嘴八舌，说又要打假了。这时奇迹出现了，她裁条后，不规则的皱褶竟瞬间消失了，魔术般地出现了图 3.3 和图 3.4 所示的千姿百态的美妙左手和右手螺旋。将宽条用手翻转后放下，内侧成了外侧（图 3.6）；再剪开，圆柱面螺旋宽条变为纯扭转螺旋窄条（图 3.5）。文科同学比理科同学活跃，她高举自己的杰作，情不自禁地绕实验桌又唱又跳。同学们簇拥着她雀跃、击掌、欢呼，还封她为当日的"科学女皇"。

为什么裁条前是不规则的皱巴巴的形状呢？如 §2 图 2.4 所示，如果尺寸大，上下柱面都弯成一个圆柱甚至还绕几圈，粘结后每一层都不会让"对手"实现自己主曲率方向的弯曲（小尺寸可以，如 §2 图 2.5 所示，呈现类鞍形），于是出现局部失稳翘曲，这种翘曲又由于材料或粘结的小随机不确定性而使条皱巴巴的。我们不得不佩服豆荚的力学功力之深，它掌握了裁条以后才呈现优雅螺旋形的规律。

实验完成后，同学们纷纷发表感言。

一位工科的同学说，这个实验使他大开眼界，对材料力学课程的认识提高了一截，仿佛能够站在这门课程之外来看这门课程。

一位文科的同学坦言，他学习偏科，见了公式方程就头痛，高考前为使数理少拉分，没少受罪。但是他特喜欢这个实验，原来理工科还可以这么有趣。他说，高尔基读到好书时曾把书放到太阳下去照，看看字里行间有什么魔法，他也真想将预应力双层条放到太阳下去照照，看看条里有什么魔法。

　　作者也谈了自己的认识。世界之美包括人文艺术之美和科学技术之美，缺一就不完整。科学原理具有简明之美，而它所演绎的现象却变幻莫测，神奇瑰丽。最后，作者从图 3.6 双稳态结构出发，以管窥豹谈了体会，具体将在下一章与读者交流。

材料
力学
趣话

§4

Section

豆荚Ⅳ：自然大美

摘要　本章举例介绍豆荚弹射传播种子中力学原理的应用，及其更深层次的科学关联与启示，包括从玩具啪啪尺、捕蝇草到空间自展开装置的相同力学原理，从植物到动物和从宏观到微观的形形色色的螺旋之谜，柔性致动器的概念设计。

本章从§3图3.6的双稳态结构开始，以管窥豹，赏析科学之美。

4.1　啪啪尺与古战场"滚石阵"

童年是美好的。小伙伴们天真烂漫的笑容，嬉戏和分享玩具时的欢乐，仰望旭日朝霞、月亮星空时来去无痕的童年幻梦，都是永远的记忆珍藏。我想，其中也会有孩提时代简单又好玩的啪啪尺。

如图4.1(a)所示，啪啪尺拉直时外观与普通的塑料尺相同，但是放在手腕上轻轻一拍，就会"啪"的一声迅速卷起来，变成图4.1(b)的手镯，套在手腕上。将它拉直，又可以稳定在图4.1(a)的直尺形状。如此，可以反复玩。

材料
力学
趣话

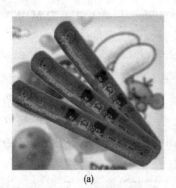
(a)

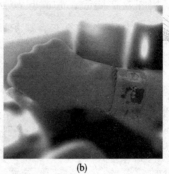
(b)

图 4.1　玩具啪啪尺

　　啪啪尺这个有趣的卷曲能力源于精心设计的残余应力，此残余应力使它内部的应变能 E 有两个极小值。设啪啪尺卷曲半径为 r，则曲率 $\kappa = 1/r$。当啪啪尺从直变弯时，半径 r 从无穷大变到 r_2，曲率 κ 则从 0 变到 κ_2。如图 4.2 所示，啪啪尺内部的应变能 E 随 κ 的增加首先升高，然后迅速降到最小值 E_2；啪啪尺的直和卷对应于 A 点和 C 点的两个 E 的极小值，都是稳定状态，故啪啪尺是双稳态结构。

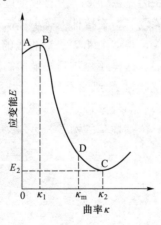

图 4.2　啪啪尺应变能 E 随曲率 κ 变化的示意图

如图4.2所示，啪啪尺从直变弯，从 A 点开始要经过一个能量高点 B 点，称为能障。能障是怎么产生的呢？仔细观察拉直的啪啪尺，可以发现沿宽度方向有一个小的弧度。由此可知，啪啪尺也是类似于§2中图2.4所示，是一个残余应力体，有沿长度和宽度方向两个互相对抗的弯曲内力。§2中的两个弯曲对抗力大致相等，但啪啪尺宽度方向弯曲内力要比长度方向小得多，从图4.2的 A 点到 B 点的能障也小，只需轻拍一下，就能让其越过能障 B 点。由于 BC 段陡峭向下，啪啪尺迅速释放应变能，迅速变形卷曲，"啪啪"作响。如果变形受到约束，例如手腕很粗，限制曲率使其不能大于 κ_m，则啪啪尺的能量就保持在 D 点。

读者或许会发现，图4.2的能量曲线像山峰和山谷。这是因为重力势能与高度成正比，变化正好与高度线一致。古战场的滚石阵就是利用重力势能，当敌人经过峡谷时，埋伏在山上的士兵将巨石推下，砸得敌人鬼哭狼嚎。

豆荚的开裂弹射、喷瓜的喷浆，也都是双稳态结构的例子。不同的是，生命体的能量曲线是变化的。这些生命体的弹射件设计之妙在于，它生长时充满汁液，没有残余应力，所以没成熟的豆荚需要用外力才能剥开，在植株上有小损伤也能自愈。成熟后自然干枯积聚变形能，类似图4.2能量曲线的 AB 段上升到一定的高度后，引起爆裂。这样还附带巧妙地控制了弹射时间。

你想到了吗？从啪啪尺到滚石阵，再到豆荚开裂、喷瓜喷浆，似乎是完全不相关的现象，原来都基于同样的双稳态能量原理。下面我们再举一个捕蝇草的例子，达尔文说这种草是世界上最奇妙的生物之一。

4.2 捕蝇草

动物以植物为食，植物被动物食用，这似乎是自然铁律。然而，生长于北美洲的捕蝇草（图 4.3）偏不信邪，凭借力学与智慧，终于创造了植物食用动物的奇迹。

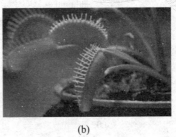

     (a)   (b)

图 4.3　捕蝇草叶片的张开(a)与闭合(b)[1]

捕蝇草两叶片形似贝壳张开[图 4.3(a)]，当昆虫被其分泌的"蜜汁"诱饵吸引到叶片中央时，叶片就以迅雷不及掩耳之势闭合[图 4.3(b)]，捕获昆虫，慢慢享用。

那么，捕蝇草叶片如此快闭合的神技是怎样练就的呢？很简单，就是前面所介绍的啪啪尺卷曲原理。捕食前微微内凸的捕蝇草叶片[图 4.3(a)]积聚了很大的应变能，也能利用图 4.2 高应变能量稳定点 A 示意，捕食后叶片变为外凸[图 4.3(b)]，能量位于图 4.2 的最低点 C。叶片从内凸到外凸需要改变曲率，应变能有一个高点 B，所以捕食前，叶片的张开是稳定的。

图 4.4 显示了捕蝇草叶片平均曲率随时间变化的规律[1]，过程可分三个阶段，曲率变化主要在第Ⅱ阶段完成，仅 0.1~0.2 秒的时间。因此，昆虫纵然身怀飞行绝技，也难逃死劫。

我们重播一下捕食镜头。如[图 4.3(a)]所示，捕食前捕蝇草叶片张开笑口，殷勤邀请四方昆虫朋友。昆虫朋友做梦也没有想到，原来这是一个精心设计的陷阱。陷阱的机关就是捕蝇草叶片上的茸毛，伪装巧妙，更妙的是，还要请昆虫朋友自己接触"扣动"机关，真是天衣无缝，网不虚张。接到昆虫自己传递的指令后，叶片不动声色地启动生物学过程，主动缓慢改变曲率。

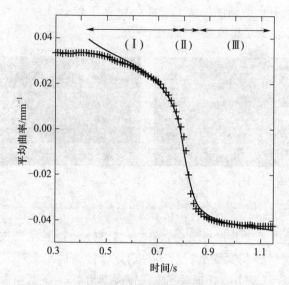

图 4.4　捕蝇草捕食时叶片平均曲率随时间的变化[1]

这个过程对应于图 4.4 的第 I 阶段，时间较长，悄悄地缓慢变形，昆虫很难察觉。但应变能一旦越过图 4.2 的能障 B 点，叶片运动就进入应变能释放的加速闭合的力学过程，即图 4.4 的第 II 阶段，变形突然加速，叶片迅速闭合。等昆虫发现时，已陷叶片牢笼，有翅难逃。

4.3　空间自展开装置

空间技术对质量和体积有最为严格的要求，许多装置要折叠成最小体积，由火箭运载到指定的空间后再展开。例如，由欧洲空间署 (European Space Agency) 研制的 CRTS (collapsible rib-tensional surface) 反射器模型（图 4.5）。

该反射器的一项关键技术是折叠的反射器如何在空间展开。人不能上天直接操作，还要尽量减少辅助展开装置。这个

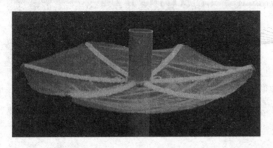

图 4.5　CRTS 反射器模型[2]

问题利用肋条自身的弹性应变能释放巧妙解决了。肋条自展开原理参见图 4.6 的带弹簧（tape spring）[3]，它与啪啪尺的缠绕，捕蝇草叶片的合拢有异曲同工之妙，只不过反射器肋条弹性势能驱动的运动方向与后两者相反，是由折叠状态变为展开状态。

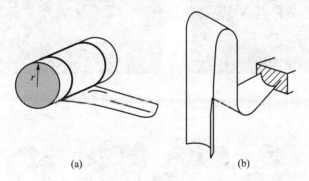

(a)　　　　　　　　　　(b)

图 4.6　带弹簧的缠绕（a）和折叠（b）[3]

4.4　螺旋结构

除了双稳态结构，豆荚还有弹射播撒种子后形成的螺旋形令人感兴趣。留意观察就会知道，从动物（如贝壳和动物的角）

到植物（如图4.7的藤蔓缠绕茎和图4.8的葡萄卷须），从宏观到微观（如图4.9的DNA分子双螺旋结构和图4.10的ZnO纳米级螺旋），大自然创造了形形色色的美妙螺旋结构。这些螺旋的形成机理是什么？它们之间有何联系？螺旋的手性有何奥妙……我们刚从豆荚弄清了，螺旋的旋向不是材料综合性质的体现（§1参考[1]），而是取决于几何，但更多的螺旋之谜还有待我们揭开。

图4.7　紫藤缠绕茎　　　　　　　　图4.8　葡萄卷须

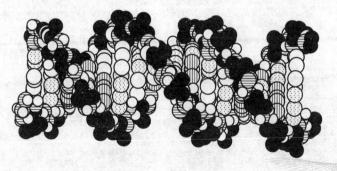

图4.9　DNA分子双螺旋结构

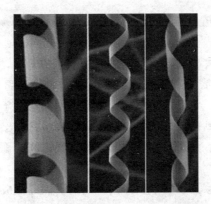

图 4.10　扫描隧道显微镜下的 ZnO 纳米级螺旋[4]

4.5　柔性致动器

豆荚提供了弹射装置设计的一条全新思路,科学家称之为柔性致动器(§1 参考文献[1]),事实上,动物都是柔性致动器。

科学家在实验室研制了一种仿豆荚的柔性致动器。他们将热膨胀系数很小的金属线铺放于膨胀系数非常大的凝胶条中,像豆荚一样分两层铺放,分别与条的轴线成 45°和−45°的角。当温度变化时,凝胶层沿金属线方向受到约束,变形很小,在垂直于金属线的方向不受约束,变形很大,从而模拟了豆荚爆裂时的变形和运动。由于温度可以循环变化,所以凝胶条的运动也能循环。从实验录像中可以看到,凝胶条迅速从左手螺旋变成直条再变成右手螺旋,并且随着温度的循环变化而循环运动。

科学家在思考,豆荚的柔性致动器设计新概念,能否给人类传动技术带来革命?

4.6　领略自然之大美

我们对豆荚弹射传播种子的力学的介绍就到这里为止。亲爱的读者，当你再次踏秋而行，欣享清风、稻香，欣赏红叶、黄菊、白云、飞雁，或者欣寻"山寺月中寻桂子，郡亭枕上看潮头"那种沿千年历史长河飘来的诗情画意的时候，别忘了向科学申领一张大自然的听课证，那里的风光更为神奇瑰丽，变幻莫测。花草树木、禽鸟虫兽会向你演绎它们在亿万年进化过程中参悟到的精深奥妙的自然哲学原理，向你展示它们出神入化叹为观止的应用杰作。沐浴着科学的阳光和人文诗情的雨露，你会更完整地领略自然之大美。

大生物学家达尔文申领了大自然的听课证，成就了他一生的伟业。接下来的§5和§6将介绍令达尔文惊叹的植物的非植物运动——黄瓜藤卷须的自卷攀援。或许达尔文没有想到，一个半世纪以后，科学家发现黄瓜藤卷须的神奇运动竟与豆荚弹射籽粒的力学模型竟是"力学姐妹"。

参考文献

[1]　FORTERRE Y, SKOTHEIM J, DUMAIS J, et al. How the Venus flytrap snaps[J]. Nature, 2005, 433(7024): 421-425.

[2]　SEFFEN K A, YOU Z, PELLEGRINO S. Folding and deployment of curved tape springs [J]. International Journal of Mechanical Sciences, 2000, 42(10): 2055-2073.

[3]　SEFFEN K A, PELLEGRINO S. Deployment dynamics of tape springs[J]. Proceedings of the Royal Society of London A: Mathematical, Physical and Engineering Sciences, 1999, 455 (1983): 1003-1048.

[4]　GAO P X, DING Y, MAI W J, et al. Conversion of zinc oxide nanobelts into superlattice - structured nanohelices [J]. Science, 2005, 309(5741): 1700-1704.

§5
Section

黄瓜藤卷须 I：自盘卷拉拽

摘要 黄瓜藤卷须自盘卷形成的螺旋弹簧与普通的弹簧不同，存在换向节(转换左手螺旋为右手螺旋或者反之)，使卷须在两端固定(拴住)的情形下能够自盘卷拉拽。老卷须具有奇妙的力学行为，受拉时盘卷圈数不是减少，而是增加，拉伸刚度也增加，实现了固定和保护植株的功能优化。

5.1 生存竞争是"高科技战争"

不同的人的眼中有不同的春景。

在散文家朱自清的笔下，春是那样热情奔放和充满诗情画意。

"山朗润起来了，水涨起来了，太阳的脸红起来了。

"小草偷偷地从土里钻出来，嫩嫩的、绿绿的。园子里，田野里，瞧去，一大片一大片满是的。

"桃树、杏树、梨树，你不让我，我不让你，都开满了花赶趟儿。"

透过春的绚丽浪漫面纱，生物学家却看到了激烈的生存竞争。不错的，"水涨起来了，太阳的脸红起来了"，可是水和土地养分资源是有限的，阳光按土地面积分配；"一大片一大片满是的"，热闹中也凸显了地球村的狭小；"你不让我，我不让你"则可看作对生存竞争的传神描述。

图 5.1 是森林的一个小小角落：乔木和藤蔓在合演精彩的生存竞争"二人秀"。乔木高大硕壮，直插云天，是硬实力派，藤蔓纤细柔韧，攀援而上，在秀巧实力派的机敏。结果二者战成平手，共享阳光雨露。别以为巧实力派只是柔弱地依附，像热带雨林的榕树(也是乔木)这一类植物杀手，缠上猎物后，在地上施展蛇一样的绞杀绝技，向地下伸进气根掠夺养分，将被缠绕的树木绞杀饿杀，独霸资源。

图 5.1　乔木与藤蔓植物合演生存竞争"二人秀"

在亿万年的进化过程中，动植物积累了精妙的知识。可以说，生物界的生存竞争是在知识层次上远高于人类当今认识水平的"高科技战争"。

达尔文于 1859 年出版的《物种起源》是描述这种物竞天择的划时代的巨著，他提出了生物进化论学说，第一次把生物学建立在完全科学的基础上。下面从达尔文对攀援植物的研究出发，聚焦于黄瓜藤卷须的自卷攀援，介绍这种植物神奇的非植物运动的力学原理。

5.2 达尔文的研究

即使对于人类，攀援也是勇敢者的运动。看图 5.2(a) 的攀岩运动，多么惊险刺激。人类有眼能看，有脚能走，有手能攀，可藤蔓怎么发现目标，怎么移动，怎么攀援？达尔文[1]研究了一百多个不同物种的藤蔓植物，将它们分为 4 类，即主茎缠绕（图 5.1）、卷须自盘卷拉拽[图 5.2(b)]、钩刺挂和气生根吸附（如常春藤），它们各有独门法宝和绝技。

材料
力学
趣话

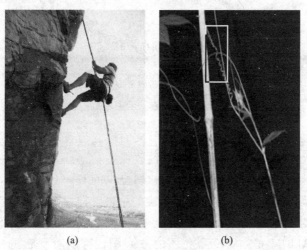

(a)　　　　　(b)

图 5.2　(a) 人类手拉绳攀岩；(b) 黄瓜藤凭借卷须攀援竹杆[2]

达尔文仔细研究了卷须拉拽攀援的力学过程。如图 5.3 所示，幼年的黄瓜藤伸出长长的卷须，在微风中摇曳，舞姿曼妙，这是它在搜寻支撑物。

图 5.3　黄瓜藤卷须在搜寻支撑物

达尔文发现，卷须一旦接触到支撑物，很快盘绕拴紧，然后卷须就如一根魔绳，开始自盘卷，长度缩短，将整个植株拉拽靠近支撑物。图 5.4 是达尔文绘制的卷须自盘卷拉拽示意图[1]。

材料
力学
趣话

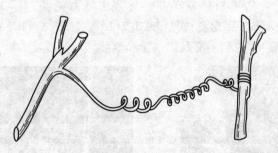

图 5.4　达尔文绘制的卷须自盘卷拉拽示意图[1]

达尔文发现，这种自盘卷形成的螺旋与普通螺旋弹簧有一个很大的不同，就是螺旋的手性改变，一部分是左手螺旋，另一部分是右手螺旋。两种手性的螺旋中间有一个过渡段，称为换向节 (perversion)，它转换螺旋的手性，即由左手螺旋变换为右手螺旋，或者由右手螺旋变换为左手螺旋。图 5.5 是图 5.2(b) 小框内黄瓜藤卷须的放大图，可以看到它的中部有一个换向节。

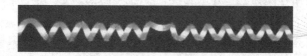

图 5.5　黄瓜藤卷须螺旋的换向节（中部位置）[2]

顺便介绍一个做换向节的简易小实验，体验一下科学的乐趣。取一段电话的螺旋线，先拉直并松卷，两端握紧限制扭转，然后靠近，就做成了一个换向节，如图 5.6 所示。

图 5.6　用电话线做的换向节

达尔文注意到，一根卷须的换向节可能不止一个，如图 5.4 所示画了 2 个，他最多发现过 5 个，其他学者曾发现 7 个甚至 8 个。无论换向节有多少，左手螺旋和右手螺旋的盘卷圈数都基本相等（在一个圈的误差之内）。他解释，这是由于卷须在前端系紧攀援物后才开始盘卷成螺旋，可以看作由换向节旋转生成螺旋，换向节一侧生成多少左手螺旋圈，另一侧就会生成同样多的右手螺旋圈。多个换向节的作用可以叠加，不会改变左手与右手螺旋盘卷圈数相等的规律。

达尔文时代的学者已经认识到，卷须自盘卷成螺旋是卷须一侧长度变化所致。有学者认为是由于一侧生长变长。达尔文不同意这个观点，他怀疑的理由是，这么短的时间卷须不可能长这么多。于是，他将生长中的卷须隔一定间距染色，让它接触支撑物自盘卷成螺旋。测量显示，螺旋的外侧没有伸长，内侧收缩了。

达尔文观察到，拴上支撑物的卷须不久就变得极为粗壮和强韧，简直到了不可思议的程度；而没有拴上支撑物的卷须不久就收缩枯萎。

但是达尔文对卷须的强度仍有疑问，毕竟卷须还是比较细，且往往所拴支撑物是灌木细枝，会随风摇摆。卷须能不能保证挂满瓜果的藤蔓的安全呢？

于是，达尔文多次在狂风暴雨中出门，观察由卷须攀援在灌木篱笆上的藤蔓，每一次，他都看到藤蔓安全无恙。达尔文总结，这既得益于卷须的强韧，也得益于它的合理力学设计。他将多卷须拴多枝条比喻为多锚的船，锚绳有非常好的弹性（螺圈弹簧）能够应对锚基移动（枝条摆动）。如果是没有弹性的锚绳，则很容易被拉断。同时他观察到，各卷须的应变大体上是均等的，这样能将暴风雨的巨大外力分散。看到这样精细的力学观察和切中本质的力学分析，我们不得不对达尔文的渊博学识和科学作风肃然起敬，这就是划时代科学家的风范。

达尔文的这项研究影响之大，使得许多杰出的科学家都被这个课题吸引，直到今天还不断有新成果出现。

遗憾的是，达尔文仿佛不知道卷须螺旋盘卷现象的研究历史，据考证，不仅有与他同时代的稍早研究，相关研究最早还可追溯到 1751 年[3]。

5.3　难以置信的盘卷圈数越拉越多

从前两节可以看到，朱自清的《春》歌颂自然的人文之美达到了极致，达尔文对卷须的研究也达到了科学之峰。异曲相和，构成了和谐优美的大自然协奏曲。

或许我们又有少许失落，达尔文对卷须的研究太完美和深入了，使我们这些后来者失去了初探那神秘的未知世界之刺激。其实这种想法完全多余，自然的奥秘犹如金庸笔下的扫地僧的武功。江湖武林高手一个比一个武艺高强，到萧远山和慕容博已臻化境，却被其貌不扬的扫地僧秒杀，一手一个提走。我们根本不用担心已经学完了他的招式。

再端详一下图 5.5 的黄瓜藤卷须和图 5.6 用电话线的临摹，

左看右看，好像没有不同，我们似乎可以庆祝掌握卷须的奥秘了。可是，我们再握住两端拉一拉，就会惊得睁大眼睛。电话线一拉就松卷，其盘卷圈数连续减少直至变成直线。而黄瓜藤老卷须受拉后，开始不仅不松卷，还会继续增加盘卷圈数。如图5.7所示，黄瓜藤老卷须未受力时，换向节两侧各盘了5圈[图5.7(a)]，而受到拉力后，换向节反而朝绕紧的方向旋转，两侧盘卷圈数都变成了6圈[图5.7(b)]。另外，用电话线的临摹作品能很轻松拉直，老卷须最后虽然也能拉直至完全松卷，但是所需的外力要大得多。不过，黄瓜藤嫩卷须却没有受拉盘卷圈数增加的过程，如电话线一样，其盘卷圈数随拉力的增加连续减少，直至被拉直。

材料
力学
趣话

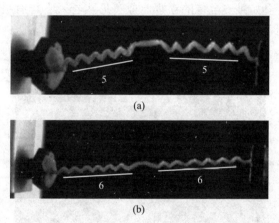

图5.7 黄瓜藤老卷须受拉时盘卷圈数增加[2]：(a)未受力时换向节两侧各绕5圈；(b)受到拉力后换向节两侧都变成绕6圈

黄瓜藤嫩卷须和老卷须的性质差别体现了根据功能相应调整的全程优化设计。幼年黄瓜藤的茎和叶重量不大，相对柔弱的卷须能够承受植株的重量。随着黄瓜藤的生长，特别是挂满黄瓜的时候，植株的重量大大增加，卷须也随之出现受拉盘卷圈数增加的特异现象，这种外形的特异现象对应的是拉力随变形急剧增加，保护植株的安全。

现在，我们需要对达尔文用多锚停船来形容卷须作用的比喻作一个重要补充。卷须锚绳不是普通弹簧，而是盘卷圈数随变形增加、拉力随之迅速增加的特异弹簧。这样，在微风中，藤蔓可以自由轻舞；而一旦遇到骤然的风暴或其他冲击，卷须拉力急剧加大，限制其运动幅度，保护藤蔓，所以卷须又是一个柔性安全带。

汽车等的安全带(图5.8)是了不起的发明，拯救了无数人的生命，可是比起卷须弹簧的附带安全带作用仍有逊色之处。卷须柔性控制藤蔓摇摆幅度，而安全带则是一下锁死(刚度突变为无限大)。台湾曾有过报道，一位乘客在车祸时因安全带锁住脖子被勒死了。如果安全带的锁紧能像黄瓜藤卷须一样有缓冲过程，或许惨剧可以避免。

图5.8　汽车安全带

黄瓜藤卷须这样的特异力学性能是怎样获得的呢？秘密将在§6揭晓。我们会再一次对自然的神奇感到惊诧，原来豆荚与卷须的力学模型是孪生姐妹，看看图1.1的螺旋形笑脸和图5.5的螺旋身段，像不像？我们会更惊诧，双层预应力条的力学模型只要那么一点点似乎不经意的修改，就会具有另一种意想不到的特异力学性质。这样，§3 中模拟豆荚的实验只需稍作改变，就可以做一个卷须弹簧，我们将在下一章详细介绍。

参考文献

[1] DARWIN C. On the movements and habits of climbing plants [M]. London：John Murray，1865.

[2] GERBODE S J, PUZEY J R, MCCORMICK A G, et al. How the cucumber tendril coils and overwinds[J]. Science，2012，337(6098)：1087-1091.

[3] GORIELY A, TABOR M. Spontaneous helix hand reversal and tendril perversion in climbing plants[J]. Physical Review Letters，1998，80(7)：1564-1567.

材料
力学
趣话

§6
Section

黄瓜藤卷须Ⅱ：临摹实验

摘要 本章介绍黄瓜藤卷须奇妙的力学行为的成因。对卷须显微组织的研究表明，它的一侧存在一个双层凝胶状细胞的纤维带，在卷须外端拴住支撑物后，该纤维带出现不对称的木质化收缩，引起卷须自盘卷。老卷须的弯曲刚度远大于扭转刚度，因此盘卷成的螺旋弹簧在拉伸时盘卷圈数不减反增，弹簧刚度增加。卷须的力学行为可以由预应力双层复合条的力学模型来模拟，据此，北京航空航天大学材料力学实验室开发了一个选修教学实验。

§5介绍了黄瓜藤卷须的特异力学行为，本章介绍其临摹实验，包括作品如何从形似到形神兼似的临摹过程。我们从科学家对黄瓜藤卷须显微组织的研究（§5参考文献［2］）开始。

6.1 卷须的显微组织

科学家对卷须显微组织的研究表明，卷须截面内侧（靠螺旋内表面一侧)存在一个双层凝胶状纤维细胞带，在卷须外端拴住支撑物后，双层凝胶状纤维细胞带开始木质化并收缩。图 6.1(a)是黄瓜藤老卷须截面的显微组织照片，图 6.1(b)是相应的紫外线荧光照片，从这两个图中可以清楚看到木质化纤维带。图 6.1(c)是图 6.1(a)木质化带的局部放大，图 6.1(d)是相应的荧光照片。可以看到，木质化带由两层细胞构成，且靠近内侧表面的一层木质化更多，形成不对称收缩。就是这个坚硬木质化带的不对称收缩和周围软组织一起，使卷须盘卷成螺旋。应用生物技术将老卷须的凝胶状纤维的木质化带剥离，也呈现具有换向节的螺旋形盘卷(图 6.2)，这是由于两层细胞的木质化程度不同，外层细胞收缩更多。

材料
力学
趣话

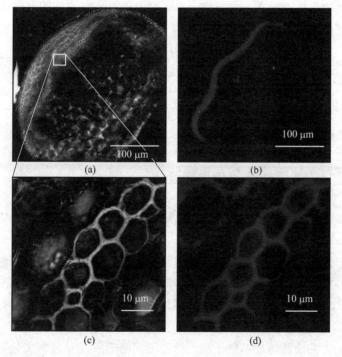

(a)

(b)

100 μm

100 μm

(c)

(d)

10 μm

10 μm

图 6.1 黄瓜藤老卷须的凝胶状纤维细胞的木质化带

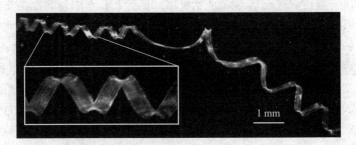

1 mm

图 6.2　从老卷须剥离出来的木质化纤维带

对黄瓜藤卷须显微组织的研究证实了一个半世纪以前达尔文的观察与分析，卷须的自卷确实是由一侧的收缩引起的。图 6.2 显示的双层凝胶状纤维细胞带靠螺旋内表面一侧的细胞层收缩产生弯曲内力，达到最佳力学效果，可见自然力学设计的精细和精妙。

从黄瓜藤卷须的显微组织分析，我们可以抽象出它的力学模型，其竟与豆荚的力学模型是孪生姐妹——都是双层预应力条模型。虽是孪生力学模型，却又各有特异的力学性质，为什么？我们将结合模拟实验进行解释。

6.2　黄瓜藤卷须的模拟实验

§3 已经介绍北京航空航天大学材料力学实验室根据豆荚的力学模型开发的扩展型教学实验。既然豆荚与卷须的力学模型是孪生姐妹，我们只要对豆荚的模拟实验稍作修改，就可进行黄瓜藤卷须的模拟实验。

实验选用的材料也是生活用橡胶手套剪下的平整薄层。如图 6.3 所示，将一个橡胶薄层均匀拉伸，用自行车补胎胶将另一个不受力的橡胶薄层粘结于上，待胶固化粘牢后，沿力的方向剪成条（图 6.3 阴影部分，夹具参见 §3 图 3.7）。

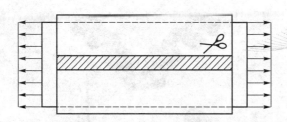

图 6.3　模拟黄瓜藤卷须的双层预应力条的制作

　　对剪下的条的两端施加不同的约束条件，可以得到不同的稳定形态。不施加约束，让剪下的条自由变形，它会像卷尺一样盘卷成饼状，如图 6.4 所示。

　　将图 6.4 的饼状盘卷条在两端能够自由相对扭转的条件下拉伸后卸力，条成为普通的单向旋转的螺旋。初始条件不同，螺旋手性可能改变，条成为左手螺旋或右手螺旋。我们也可用手强迫螺旋的手性改变，放手后螺旋不会恢复原来的手性，如图 6.5 所示。

图 6.4　让剪下的条自由
变形，它会盘卷成饼状

(a)

(b)

图 6.5　拉伸并允许两端自由扭转，条在卸力后成为普通螺旋。
初始条件不同，手性可能改变。（a）左手螺旋；（b）右手螺旋

　　在限制两端相对扭转的条件下拉伸，条会成为像黄瓜藤卷须一样有换向节的螺旋，换向节的旋向可以人为改变，如图 6.6 所示。

图 6.6 在限制两端相对扭转的条件下拉伸，条成为像黄瓜藤卷须
一样有换向节的螺旋，换向节旋向可以人为改变

我们还发现，可以用手将换向节移动到任意位置，或者变成多个换向节，而且都能在自由不受力的情况下保持稳定，如图 6.7 所示。图 6.7(a) 中的左旋和右旋的盘卷圈数不等，显示螺旋整体有相对扭转。

(a)

(b)

图 6.7 换向节可以用手调到螺旋的任意位置而保持稳定。
(a) 换向节靠近左端；(b) 有两个换向节

细心的读者会注意到，条不论处于何种稳定状态，条的浅色层总是处于卷曲内层。这是因为浅色层是预拉伸层，卸外力后这一层要收缩，才能保持条的能量处于极小值。最小势能原理是自然界的普适原理，万事万物都必须遵守。

图6.4~图6.7表明，图6.3的预应力复合条力学模型可以很好地模拟黄瓜藤卷须的外观变形，同时显示，这个力学模型具有在螺旋状态下的力学随遇平衡性质，能够形成不同数目的处于稳定状态的换向节。这就为达尔文观察到的自然界的卷须可能有不同数目的换向节(参见5.2节和图5.4)提供了力学解释。

图6.8显示了按图6.3的方式制作的带换向节的卷须力学模型的拉伸过程。图6.8(a)中两端钳子拉力很小，换向节两边螺旋盘卷圈数很多；图6.8(b)中钳子的拉力加大了一些，螺旋盘卷圈数随之减少；图6.8(c)中钳子的拉力又加大了一点，条就被拉直了。整个过程螺旋盘卷圈数随拉力单调减小，最后将条拉直所需的力不大，没有像黄瓜藤卷须那样，出现受拉时盘卷圈数增加、刚度也随变形增加的现象。原来，前面的临摹实验还仅得其"形"，未得其"神"。这也难怪，黄瓜藤卷须受拉时盘卷圈数增加、拉力急剧增加的"核心科技秘密"自达尔文后经历一个半世纪才由科学家发现和破解，可见它藏得多隐蔽。

材料·
力学
趣话

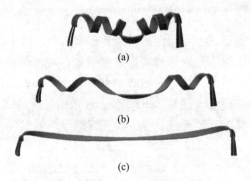

(a)

(b)

(c)

图6.8　双层预应力条模型的变形：
(a)钳子基本上不施加拉力；(b)稍加拉力；(c)拉力再加大

6.3　难觅痕迹的力学机密

我们再回头观察图 6.1 黄瓜藤老卷须的显微组织，卷须螺旋变形时有一个坚硬的木质化纤维带收缩（周围是相对的软组织），这里似乎也难觅它的"核心科技秘密"的痕迹。再仔细看看，只有一处好像不平常：为什么收缩的木质化纤维是一个条带，且位于边缘？原来这个简单的很容易被忽视的安排，实际竟是自然一个绝佳的高超力学设计，很难发现大概是由于它极简，人们很难想到难觅痕迹的力学机密会这么简单。

由力学分析可以知道，卷须螺旋存在弯曲和扭转两种变形，对应有弯曲刚度 B 与扭转刚度 C。保持螺旋盘卷圈数不变，拉伸螺旋，会减小弯曲曲率。而保持螺旋轴向长度不变，增加盘卷圈数，则会增加弯曲曲率。由于卷须具有换向节，盘卷圈数增减不受约束。如果 B 远大于 C，螺旋受拉时就会通过增加盘卷圈数来减缓弯曲曲率的减小。因此，要提高卷须的拉伸刚度，关键要提高它的弯曲刚度 B，卷须的内部结构设计巧妙地运用了这个力学原理。

如何提高弯曲刚度？可以利用材料力学回答这个问题。弯曲刚度主要取决于上下表面的材料。如图 6.9 所示，一张平纸条的桥连放一个硬币都困难，但是折成槽形截面后，放多个硬币后变形都很小，这是因为槽形桥截面高度增加，弯曲刚度增加。而这种薄壁开口截面改成槽形对扭转刚度影响很小。卷须的木质化带位于边缘，这就大大提高了 B/C 值。真所谓"大道无痕"，这个设计确实简单到几乎无痕，是人类要好好学习的力学应用的高妙境界。

另外，这个秘密之所以难发现，还在于卷须是整个生命过程的全程优化设计。嫩卷须因为承重相对小，所以薄带的木质化还不足以产生受拉时盘卷圈数增加的现象，也增加了揭秘的难度。

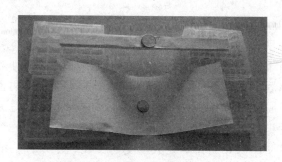

图 6.9 纸片折成槽形，承载能力力大大增加

还是那句话，眼见为实，对图 6.8 的力学模拟实验加以改进，我们看到形神兼似的实物才会信服。根据上述理论分析，改进的原则是尽量提高弯曲刚度，同时少增加扭转刚度。根据材料力学知识，拉伸时螺旋的弯曲曲率减小，内侧受拉，外侧受压。因此，为了提高拉伸时螺旋的弯曲刚度，需要在其内侧粘贴抗拉材料，外侧粘贴抗压材料。我们可以选择在其内侧粘贴布条，因为与橡胶相比，布条的拉伸刚度要大得多，同时布条容易扭转，即扭转刚度很小。外层不能再选布条，因为其压缩刚度很小，可以选铜丝（将导线剥掉外层）。不选铜片是因为铜片扭转刚度较大，而铜丝的扭转刚度较小。改进后的力学模型如图 6.10 所示，在拉伸时螺旋盘卷圈数和拉伸刚度都会增加，形神兼似地模拟了黄瓜藤卷须的力学行为。

材料
力学
趣话

图 6.10 改进后的力学模型，拉伸时盘卷圈数增加

有了 §3 制作豆荚力学模型的经验，驾轻就熟，制作黄瓜藤卷须力学模型还是用橡胶手套、自行车补胎胶和图 3.7 的夹具，

花的时间就少多了。不过实验还是遇到了困难——很难在螺旋的内外侧分别粘贴布条和铜丝。经过多种尝试，最后的解决办法是，先将布条按螺旋形状缠在合适的圆形杆(如笔杆)上，当做靠模，然后将图 6.8 的螺旋分两端套在外面粘结；为防止外侧粘贴的铜丝脱胶，用双面胶带将其固定。希望读者能做得更好。

最后指出，最小能量原理是支配物质世界运动的一个普遍原理，本书 §1~ §6 的力学现象都受它支配(图 4.2)。接下来几章，我们将利用最小能量原理探寻仿佛杂乱无章的固体表面裂纹优雅的周期分级规律，同时与读者分享作者研究小组的一些有趣结果和轶事。

裂纹图案 I：周期分级

摘要　温度与湿度非均匀变化会引起固体表面大面积周期分布的裂纹。本章从火星表面陨石坑的嵌套多边形裂纹到地球田地湖泊的干旱龟裂，介绍了自然界奇妙多样的周期分级裂纹；从临近空间高超声速飞行器防热隔热研究中陶瓷热震的基础研究课题的提出，介绍了产生周期分级裂纹的陶瓷热震实验。

春夏秋冬，四季交替；阴晴圆缺，月亮盈亏；高低起伏，海浪翻滚，沙丘绵延；开花结果，生老病死，生命延续；盛衰分合，社会发展……大自然和人类历史都如同无穷无尽的周期韵律诗，循环往复，却又变幻莫测，奥妙无穷。

让我们收住思想的缰绳，将目光投向一类熟悉却又可能未曾留意的自然现象——固体表面大面积开裂的周期图案。

7.1　天体和地面的周期分级裂纹

探索未知是人类的天性，浩瀚的星空永远充满不可抗拒的诱惑。图 7.1 是英国《新科学家》杂志报道的美国宇航局火星侦察轨

道器(mars reconnaissance orbiter，MRO)在 2008 年对火星数百个
陨石坑近距离拍摄的照片之一[1]，美妙的周期嵌套多边形网状图
案给这个星球又增添了几分神秘。

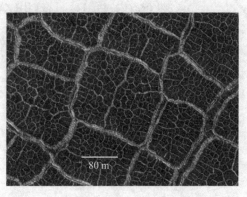

80 m

图 7.1　火星表面多边形裂纹的近距离照片[1]

科学家已经知道这个神秘的图案是由巨大的网状裂纹构成
的，他们认为这是陨石坑表面热胀冷缩效应造成的大面积开裂。
但是，2009 年 9 月，德国马普学会太阳系研究所在读博士拉
米·埃尔马瑞(Ramy El Maarry)及其同事在德国波茨坦举行的欧
洲行星科学大会上提出，根据他们的研究和所发展的一套计算模
式，在火星环境下，由热收缩导致的裂纹最长只有 65 米。这些
火星陨石坑底部的裂纹，平均长度为 70 米至 140 米，最大长度
能达到 250 米，更有可能是湖泊海洋干涸的结果。如今荒漠干寂
的火星在数亿年前曾经是水色秀美的生命摇篮吗？我们常用沧海
桑田比喻世事巨变，火星的沧海没有成为桑田，却成了荒漠。

图 7.2 是在三亚湾的和风中拍摄的海浪，海浪带着海的喧腾
和力量从天边涌来，与图 7.1 龟裂的荒漠的死寂形成强烈的反
差，却也呈现共性：二者都是周期分级图案。

风力等海洋环境决定了海浪波形，当然也可以从海浪逆推它
的形成因素，但这通常是不必要的。然而，科学家却试图破译

图 7.2 波峰波谷周期分级的海浪

图 7.1 火星的周期嵌套裂纹图案密码，以了解火星环境的历史，为研究地球的未来提供参考。

在地球上，由于不同地区、不同季节的水资源分配极为不同，因而地面上随处可见周期嵌套裂纹。只是，泥坑、池塘、水田等干涸龟裂所形成的裂纹一般仅几厘米长（图 7.3），与火星陨石坑裂纹的长度相差甚远。研究表明[1]，裂纹的长度和深度与泥土干涸的条件相关。美国加利福尼亚州莫哈韦沙漠（Mojave Desert）的考约特干湖（Coyote Dry Lake）在数千年前干涸，所形成的多边形裂纹图案[图 7.4(a)]跨度达 50 米到 80 米，接近火星多边形图案[图 7.4(b)]的尺寸。

材料
力学
趣话

5 cm

图 7.3 地球上常见的干涸后的龟裂地面[1]

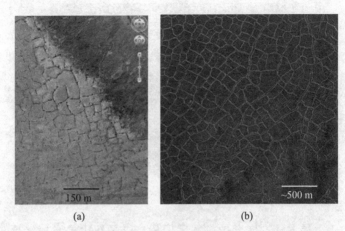

(a)　　　　　　　　　　(b)

图 7.4 （a）美国加利福尼亚州莫哈韦沙漠的考约特干湖
干涸后形成的多边形裂纹图案；（b）火星多边形图案[1]

7.2 基础科学问题

作者在高超声速飞行器防热隔热的一项基础研究中，也接触到了周期分级裂纹图案。

先简述研究背景。

业界通常将天空划分为航空、航天和空天过渡空域。传统航空空域一般指距地面 20 千米以内，航空飞行器从空气获得升力，发动机利用空气助燃。航天空域一般指距地面 200 千米以外的外层空间，可以认为没有空气。航天器自带助燃剂，从喷出物质的反作用力获得推进力，或靠离心惯性力与重力平衡保持圆周或椭圆运动。在距地面 20~200 千米的过渡空域，稀薄的空气既难以为有翼航空飞行器提供足够的升力和助燃剂，又会对高超声速飞行器产生不可忽略的阻力，阻碍其长时间飞行。气动热是一个挑战性难题。即使航天器高速垂直穿越过渡空域，其头部温度仍将达到 2 100℃以上。

近年来，人们开始认识到距地面 20 ~ 100 千米的临近空间的战略价值。

临近空间的和平利用包括探测气象数据、监控环境污染、监视各种自然灾害以及实现数据传输中继等，甚至有可能发展成为未来超高速空中交通运输平台，具有广阔的研发前景。

军事上，能在临近空间长期持续飞行的飞行器具有传统航空航天飞行器所不具备的作用。它比传统航空器安全，不易被跟踪击毁，又不像外层空间航天器远地，因此容易快速到达目标，特别是在通讯保障、情报收集、远程打击、快速突防、电子压制、侦察监视和预警方面极具发展潜力。临近空间是"陆海空天电"一体化战场的重要组成部分，是国家安全体系中的一个重要环节。它能否被充分开发和利用，关系到陆、海、空、天之间能否实现无缝连接，关系到信息优势能否被扩大，关系到联合作战能力能否实现质的飞跃。

临近空间的战略价值引发了国际上的激烈竞争。目前，美国仍然是一枝独秀，俄罗斯、日本、英国、法国等国家也都不甘示弱，正在奋起直追，努力赶超。

我国相关部门也设置了若干重大专项，如 2007 年国家自然科学基金委员会制定的为期 8 年的重大研究计划"近空间飞行器的关键基础科学问题"[2]。该计划分 4 个子课题：① 近空间飞行环境下的空气动力学；② 先进推进的理论和方法；③ 超轻质材料/结构及热环境预测与防热；④ 高超声速飞行器智能自主控制理论和方法。

作者承担的项目属于第 3 个子课题的防热隔热基础研究。陶瓷具有优良的高温力学性能，抗腐蚀，耐磨，抗氧化，大量用于高温热结构。但是，陶瓷的脆性使它容易受机械撞击遭到破坏或因骤冷骤热引起热震失效，又严重限制了它的应用。为了充分发挥陶瓷材料的高温应用潜力，我们需要研究陶瓷材料的热震失效机理[3]，其中包含了陶瓷的热震裂纹图案问题。这一项研究内容与前面介绍的自然周期裂纹的研究一样，属于纯基础科学研究。我们的介绍从一个陶瓷水淬热震实验开始。

7.3　陶瓷水淬热震实验

　　为了便于精确测量，掌握规律，我们采用薄片陶瓷试件（避免厚试件需切开观测的困难），并且仅让试件薄边与冷水接触。

　　为此，将 99% 的三氧化二铝陶瓷粉末热压成 50 mm×10 mm×1 mm 的薄片试件，将其表面磨平。如图 7.5 所示，5 片陶瓷薄片为一组，宽面相贴放在一起，两端宽面各加一个厚陶瓷块以防止试件宽面接触水，用镍铬丝捆绑紧[4]。将捆绑好的试件放入加热炉，温度每分钟升高 10℃，直至缓慢升温到预设（初始）温度 T_0，保持 30 分钟，然后夹出试件以自由落体的方式投入 T_1 = 20℃ 的水中，同时搅拌水。10 分钟后将试件从水中捞出，晾干，浸入墨水让裂纹着色。图 7.6 是不同初始温度 T_0 下试件水淬后裂纹图案的电子扫描照片。

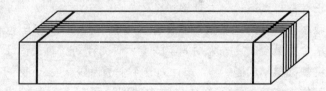

图 7.5　用镍铬丝捆绑进行热震实验的陶瓷试件

　　为了排除试件两端热震的影响，仅观察测量图 7.6 试件中部 30 mm 的区域。我们可以从热震裂纹的随机分布中发现有趣的规律：① 裂纹垂直于边界，长度分级，周期分布。② 初始温度 T_0 越高，裂纹间距越小（裂纹越密）；T_0 相同时，不同试件的平均裂纹间距相差很小。③ 随着初始温度 T_0 的增加，长裂纹长度增加，而短裂纹长度减小；仔细观察还可以发现，裂纹长度分级数随 T_0 的增加而增加。

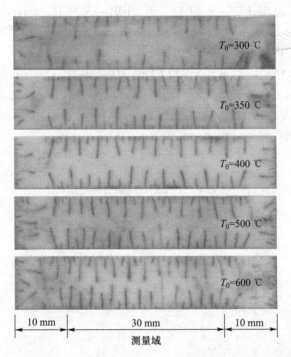

图 7.6 不同初始温度 T_0 下试件水淬后裂纹图案的电子扫描照片

陶瓷热震裂纹所包含的科学秘密，它的形成原理和数值仿真将在下一章介绍。我们将发现，原来它与豆荚弹射和卷须自盘卷一样，也受最小能量原理支配。

参考文献

[1] NEWSCIENTIST. Cracks on Mars hint at dried-up lakes[EB/OL]. (2009-09-15) http://www.newscientist.com/gallery/mars-cracks-driedlakes.

[2] 蒋持平，柴慧，严鹏. 近空间高超声速飞行器防热隔热与热力耦合研究进展[J]. 力学与实践，2011，33(1)：1-9.

[3] PADTURE N P, GELL M, JORDAN E H. Thermal barrier coatings for gas – turbine engine applications [J] . Science, 2002, 296(5566): 280-284.

[4] JIANG C P, WU X F, LI J, et al. A study of the mechanism of formation and numerical simulations of crack patterns in ceramics subjected to thermal shock[J]. Acta Materialia 2012, 60(11): 4540-4550.

材料
力学
趣话

§8

Section

裂纹图案Ⅱ：数值仿真

摘要 本章介绍了周期分级裂纹的形成原理，根据这个原理发展的数值方法，可以很好地预报热震裂纹，与实验结果吻合很好，同时还能预报实验难以观测的热震裂纹演化的周期分级过程。

本章首先利用最小能量原理分析§7图7.6陶瓷试件热震裂纹图案的形成原理，然后介绍数值仿真。

8.1 形成原理

试件表面起裂和裂纹扩展比较容易理解。高温陶瓷投入冷水，表面层温度骤降而收缩，但内部温度在初始瞬时还未改变，因而保持原来的尺寸，阻碍表面层收缩，使表面层产生拉应力开裂。低温随时间向内传播，拉应力区域向内发展，引起裂纹扩展。

裂纹的间距和长度分级就不是这样显而易见了。

为了方便理解，我们先做个力学类比。图8.1凹槽内表面上小球的重力势能 E 与高度成正比，是水平面坐标(x, y)的函数。

材料
力学
趣话

根据最小势能原理，槽面上的小球会滚向最低点，即 E 为最小值的点 $(x_0,\ y_0)$。

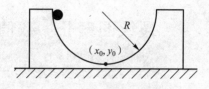

图 8.1　小球总是滚向槽底

图 7.6 试件测量域的力学模型如图 8.2 所示（裂纹刚萌生），试件内部的势能 W 包括热应变能和产生新裂纹面的开裂能，是裂纹长度 p 和间距 s 的函数。以 p 和 s 为坐标画出势能 W 的曲面，同样根据最小势能原理，则 W 的最小值对应的坐标 $(p_0,\ s_0)$ 就是实际的裂纹长度和间距。

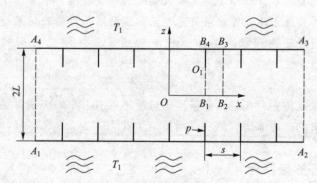

图 8.2　试件测量域开裂的力学模型

图 8.3 画出了初始温度 $T_0 = 400\text{℃}$ 时，裂纹萌生前后两瞬时的能量曲面（§7 参考文献 [6]），其中 $\overline{W}$ 是图 8.2 的 $B_1B_2B_3B_4$ 域 W 的体积平均，为方便分析，$(p,\ s)$ 无量纲化为 $(\overline{p},\ \overline{s})$。图 8.3(a) 是热震时间即将到达临界值的情形，势能最低点位于 $\overline{p}_0 = 0$，表明试件不开裂；图 8.3(b) 是热震时间刚过临界值的情形，表明试件开裂，无量纲裂纹长度和间距分别为 $\overline{p}_0$ 和 $\overline{s}_0$。

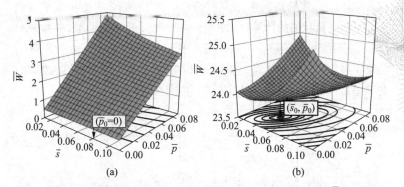

图 8.3 热震裂纹无量纲长度 $\bar{p}$ 和间距 $\bar{s}$ 对应平均单位总势能曲面 $\overline{W}$ 的极小值：
（a）热震时间即将到达临界值的瞬间；（b）热震时间刚过临界值的瞬间

我们总可以将图 8.1 的槽面加工成图 8.3 的曲面形状，这时，小球停留的位置坐标与试件的裂纹长度和间距坐标对应。不同的是，图 8.1 的重力势能曲面是固定不变的，而图 8.3 的势能曲面却随时间变化。这样，从理论上说，无量纲裂纹长度和间距也要变化。但实际情形是，已经萌生的裂纹不能随意移动，即无量纲裂纹间距 $\bar{s}_0$ 不能变化，无量纲裂纹长度 $\bar{p}_0$ 只能增加。因此，在裂纹扩展过程中，图 8.3(b) 的能量曲面的极值不是绝对极值，而是条件极值。在一段时间内，裂纹等间距和等长扩展。

那么，热震裂纹的长度分级是怎么回事呢？我们可以用树林的生存竞争来做个形象的类比。春天的沃野，均匀播撒的树种渐渐发芽。开始时，幼苗都能充分享受阳光雨露，并同时生长，即使有的幼苗发育稍缓，也有机会赶上来。长大到某个阶段后，树苗间变得拥挤，长得快的苗得到更多阳光雨露继续生长，遮蔽长得慢的苗，使之减缓生长。于是，幼林高度分级，形成树高分级的树林。分级在树林的生存竞争中可能多次出现。

取图 8.2 两相邻裂纹和水平轴围成的部分建立图 8.4 的陶瓷试件裂纹扩展模型。图 8.4(a) 是裂纹等长扩展模式，从前一时刻长 $p-\delta$ 扩展到长 p，其中 δ 是一个小量。图 8.4(b) 是裂纹分级

(隔一个)扩展模式，左边裂纹停止，右边裂纹从长 $p-\delta$ 扩展到长 $p+\delta$。根据我们的计算(未发表，可参考文献[1]对圆片裂纹的计算)，在裂纹扩展的第一阶段，图8.4(a)等长扩展模式比图8.4(b)分级扩展模式的总能量低，表明充沛的热应变能会优先顾及短裂纹，助其追上长裂纹，裂纹的演化会自动趋于等长扩展。

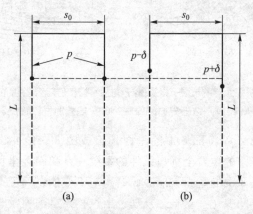

图8.4 (a)裂纹等长扩展模式，从长 $p-\delta$ 扩展到长 p；
(b)裂纹分级扩展模式，左裂纹不变，右裂纹从长 $p-\delta$ 扩展到长 $p+\delta$

　　过了第一阶段，图8.4(a)模式的总能量变得比图8.4(b)模式的总能量高，说明裂纹的扩展模式转换为图8.4(b)的分级扩展模式。此时试件的热应变能已不足以支持所有裂纹扩展，因而部分扩展稍慢的裂纹被"淘汰"(停止扩展)，形成分级。这种裂纹的竞争扩展与树林的生存竞争(也参见5.1节)多么相似，难道生物界的优胜劣汰是无生命自然界运动形式竞争的投影？

　　我们也可以从应力分析的角度理解裂纹的分级。在裂纹等长扩展阶段，图8.4(b)短裂纹的应力强度因子比长裂纹的大[1]，表明应力环境支持短裂纹优先扩展，追上长裂纹。到裂纹分级扩展阶段，图8.4(b)短裂纹的应力强度因子比长裂纹的小[1]，表明应力环境支持长裂纹优先扩展，短裂纹实际停止扩展。

　　热震过程中应力环境的演化决定了裂纹的构型，反之，裂纹的密度、长度、长度分级数和分级位置等也是其形成环境的历史密码。在我们研究火星等天体的历史，地球干涸湖泊、火山等的历史时，可能需要解密这些密码。

8.2 数值仿真

根据 8.1 节介绍的能量法，采用图 8.2 和图 8.4 的力学模型，就可以对陶瓷热震裂纹进行数值仿真。数值仿真不仅可以模拟仿真裂纹，还可以再现实验难以观测的裂纹扩展过程，发现新现象。数值仿真的精度取决于模型、输入数据和计算的精度。由于高温物性参数数据的缺乏和难以准确测量，目前陶瓷热震裂纹的数值仿真还需辅以少量实验。

1. 数值仿真与实验对照

我们对 §7 图 7.6 初始温度 $T_0 = 400℃$ 的试件测量域进行数值仿真，其结果与实验结果的对照如图 8.5 所示[2]。仿真很成功，但是采用的周期模型不能反映实际裂纹的随机变化。

材料
力学
趣话

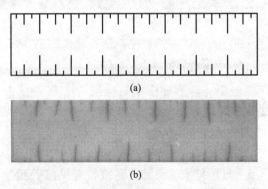

(a)

(b)

图 8.5 裂纹图案的数值仿真结果（a）与实验结果
（b）的对照，初始温度 $T_0 = 400℃$

2. 随机模型

随后，多位国外学者分别发展了几种随机开裂模型，考虑了随机扰动(如由材料微结构的不均匀性或试件表面局部热流扰动引起的扰动)。图8.6采用拉应力开裂的随机开裂模型(取试件的四分之一),试件在应力最大点达到断裂应力后开裂,此局部应力释放,其他位置出现一个新的应力最大点,随后出现第二条裂纹,如此继续直至全部裂纹萌生。有趣的是,第一条裂纹萌生的位置是随机的,最后所有裂纹却基本均匀布满试件,呈现周期分级特征。随机模型能够模拟端部裂纹(图中左端),在距端部稍远处,端部效应消失。

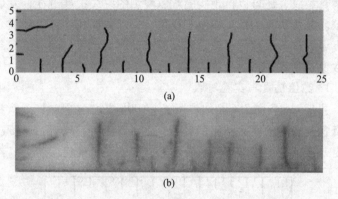

图 8.6　四分之一试件的热震裂纹:(a)最大拉应力随机开裂模型的仿真结果;(b)试件电子扫描照片[3]

图8.7是一个准静态梯度损伤模型[4],在热应力从表面向内传播的过程中,从表面向内出现梯度弥漫性损伤,然后损伤局部化形成热震裂纹,其仿真结果与实验结果的对照如图8.8所示。

从图8.5~图8.8可以看到,随机模型更接近实际,但计算量较大。同时,随机模型仿真结果和实验结果都证实了裂纹的周期分级特征。世界上没有两个严格相同的随机裂纹图案。周期裂纹模型不仅计算量小,还捕捉到了裂纹图案的本质周期特征。在研究中,周期模型和随机模型相辅相成。

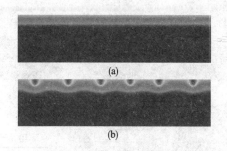

图 8.7　准静态梯度损伤模型：（a）从表面向内的梯度弥漫性损伤；
（b）损伤局部化形成热震裂纹

图 8.8　利用准静态梯度损伤模型仿真的热震裂纹（a）
与实验结果（b）的对照

材料
力学
趣话

3. 曲率影响

数值仿真显示，薄圆片陶瓷的热震裂纹分级数也随曲率的增加而增加，实验统计结果（图 8.9）也证实了这一点[1]。

4. 尺度效应

计算表明，在热震裂纹的萌生阶段，试件水淬温度变化区仅限于表面附近的薄层，因此，当试件热震方向的尺寸大于 5 mm 时，就可以将温度未变化区看作无限大，由此得出结论：裂纹间距与试件尺寸无关。实验证实了这一点[2]。计算同时表明，对于小尺寸试件，裂纹萌生时的温度未变化区不能看作无限大，裂纹间距随试件尺寸变化，甚至可能不产生热震裂纹。不同尺寸小陶瓷球的热震实验证实了这一点，如图 8.10 所示[5]。

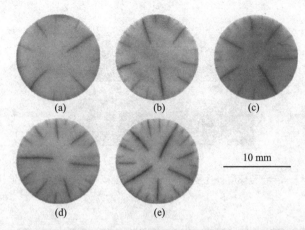

图 8.9　薄圆片陶瓷的热震裂纹，初始温度 T_0 分别是
（a）250℃；（b）300℃；（c）350℃；（d）400℃；（e）500℃

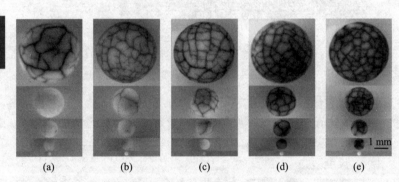

图 8.10　不同尺寸陶瓷球的热震裂纹，热震温差 ΔT 分别是
（a）280℃；（b）380℃；（c）580℃；（d）780℃；（e）1 280℃

　　图 8.9 和 §7 图 7.6 显示，热震裂纹的长度和密度都随热震温差的增加而增加，我们自然会猜测陶瓷试件的剩余强度也会随之降低，但令人惊讶的是，剩余强度在很大的范围内保持不变。这个有趣的现象是物质世界动态平衡的一个范例：表观的不变中孕育着内部的质变，最终导致表观的突变（可能是灾变）。我们将在下一章详细讨论。

参考文献

[1] LIU Y X, WU X F, GUO Q K, et al. Experiments and numeri-
cal simulations of thermal shock crack patterns in thin circular
ceramic specimens[J]. Ceramics International, 2015, 41(1):
1107-1114.

[2] WU X F, JIANG C P, SONG F, et al. Size effect of thermal
shock crack patterns in ceramics andnumerical predictions[J].
Journal of the European Ceramic Society, 2015, 35 (4):
1263-1271.

[3] LI J, SONG F, JIANG C P. Direct numerical simulations on
crack formation in ceramic materials under thermal shock by
using a non-local fracture model[J]. Journal of the European
Ceramic Society, 2013, 33(s13-14): 2677-2687.

[4] BOURDIN B, MARIGO J-J, MAURINI C, et al. Morphogene-
sis and propagation of complex cracks induced by thermal
shocks[J]. Physical Review Letters, 2014, 112(1): 014301.

[5] SHAO Y F, LIU Q N, TIAN H J, et al. Dimension limit for
thermal shock failure[J]. Philosophical Magazine, 2014, 94
(23): 2647-2655.

材料
力学
趣话

裂纹图案Ⅲ：剩余强度平台

摘要 热震裂纹的长度和密度都随热震温差的增加而增加，但剩余强度在很大的范围内保持不变。这是因为随着热震温差的增加，所形成的平行热震裂纹间距变小，长度增加。试件的剩余强度随裂纹长度的增加而降低，又随着裂纹间距的减小（即密度的增加）而增加。在相当宽的范围内，这两个相反的效应正好互相抵消。

本章将讨论一个令人惊讶的现象：虽然陶瓷热震裂纹的长度和密度随热震温差的增加而增加，但剩余强度却在相当大的范围内保持不变。这个现象，甚至连未接触这个实验的资深专家都可能想不到。下面就从一件相关的轶事谈起。

9.1 一件轶事

2009 年，新入学的硕士研究生侯慧龙有志于博士研究。他学习刻苦，综合能力强，我很满意。但学院对第一学年的硕士生转博有条硬性规定，学位课程成绩必须位于前 25%，他未入围，于是联系出国攻博。美国大学注重能力，除研究生入学考试

（GRE）和英语能力考试（TOEFL）外，还有对自身特长与兴趣的剖析与规划。他被美国综合排名前 50、专业排名前 15 的 The Pennsylvania State University 等四所名校同时录取并获全额奖学金，入学时间早于北航的毕业时间。出于对年轻人前途的考虑，我同意他提前去美国学习，到时间回到北航毕业答辩。他加倍努力，共被录用 3 篇论文，包括一篇有影响的国际杂志 SCI 英文论文[1]，后来学位论文被评选为航空科学与工程学院的两篇优秀毕业论文之一。

他初出国门后困难重重。语言交流尚不熟练，课程满，作业量大，指定阅读文献多，实验室工作繁重……此外，为了节省开支，他住在离校较远的廉价房，自己做饭带饭，又挤占许多时间。对于这段日子，他后来甚至用"不知自己该怎么样才能存活下来"来形容。

他的授课教授多是享有国际盛誉的学者，其中讲授材料的变形机理的 David J. Green 教授是《Journal of the American Ceramic Society》（分类的国际顶级期刊）的资深编委、世界陶瓷科学院院士（academician）、美国和加拿大陶瓷协会会士（fellow）。侯慧龙感到这门课程颇为吃力，担心最终收获甚微。

没想到转折点戏剧性地出现在一堂研讨课上。Green 教授介绍陶瓷热震开裂，认为陶瓷的剩余强度随着热震温差的增加而连续降低。这时侯慧龙出人意料地提出，不是连续降低，而是有一个剩余强度平台（图 9.1）。教授和同学们都很吃惊，明明实验显示裂纹随热震温差的增加而增长加密，怎么剩余强度会不变？Green 教授鼓励不同见解，请他说明理由。于是他从实验观察、理论建模与数值分析等 3 个方面，对裂纹构型与剩余强度的关联进行了阐述，竟使这堂讨论课仿佛成了他的小型学术报告会。

原来，陶瓷热震是他的硕士研究课题。以往学者的实验虽已显示过陶瓷热震剩余强度的平台现象，但是没有深入探讨，也未

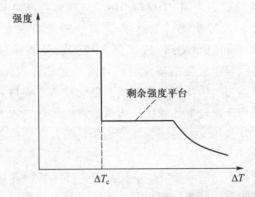

图 9.1　普通氧化铝陶瓷试件，当热震温差 ΔT 达到开裂的临界值
ΔT_{c} 时，热震裂纹出现，强度突降，但是 ΔT 继续增加，
裂纹不断增多变长，剩余强度却出现一个平台

引起多大注意。他则进行了较为系统的实验研究，对形成机理提出了自己的见解。该课题得到国家自然科学基金重大研究计划和中法国际合作基金的资助，因此，除了我们课题组的研讨，他还得到了中国科学院力学研究所宋凡教授、巴黎第十三大学李佳教授等多位知名学者的指点，也得到了我们小组其他研究生独立实验的证实，成果已由 SCI 英文刊物录用[1]。经课后再深入讨论，Green 教授竖起大拇指称赞他的研究是"令人惊讶的和优秀的"。这门课程的成绩"A"也成为他学习的转折点，助他"不仅活了下来，而且活得精彩"。

9.2　剩余强度平台的成因

在介绍陶瓷热震开裂的剩余强度之前，我们先回顾一下断裂力学。我们知道，断裂力学是 20 世纪力学的重大成就之一，其中裂纹尖端的应力强度因子是一个关键的断裂参量。当应力强度因子小于材料的断裂韧性时，构件是安全的，可以带裂纹工作。

当应力强度因子大于材料的断裂韧性时，裂纹将扩展，构件继续工作可能引起灾难性事故。利用应力强度因子的概念建立的断裂准则，将含裂纹工程结构的安全评估建立在科学分析计算的基础上。

凭直觉推断，裂纹越多越长，构件的剩余强度应当越低，陶瓷和其他工程材料中也常用微裂纹的总面积来描述构件的损伤程度。但是利用断裂力学分析就会发现，更科学的评估是计算裂纹尖端的应力强度因子。已有大量学者研究了不同载荷作用下，不同形状的含裂纹构件的应力强度因子。作者课题组也曾研究过周期和双周期半行裂纹问题[2-4]，得到结论：共线裂纹相互干涉放大裂纹尖端的应力强度因子，降低构件的剩余强度；但共叠裂纹却相互屏蔽，提高构件的剩余强度。以图9.2(a)的受拉板条为例，如果共线边裂纹扩展或裂纹延长线上再添裂纹，板条强度将降低。但是，如果如图9.2(b)所示增加共叠边裂纹，则板条强度不降反升。裂纹加密的极限情形相当于按图9.2(b)的虚线挖去开裂部分，使板条强度得到最大程度的恢复，这是工程中常用的处理局部开裂的措施。

材料
力学
趣话

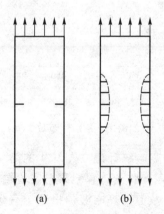

(a)　　　　　(b)

图9.2　受拉伸的板条：(a)两条共线边裂纹；(b)多条双边裂纹

§7 图 7.10 试件的热震裂纹是平行裂纹，进一步分析表明，剩余强度主要由较长的裂纹决定。图 9.3 统计了长度大于最长裂纹一半的裂纹，显示随着热震温差的增加，裂纹间距变小，长度增加。于是我们揭秘了剩余强度平台的成因：试件的剩余强度随裂纹长度的增加而降低，又随着裂纹间距的减小（即密度的增加）而增加。在相当宽的范围内，这两个相反的效应正好互相抵消。

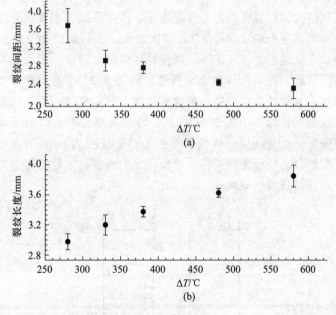

图 9.3　随热震温差 ΔT 的增加，裂纹间距减小（a），裂纹长度增加（b）

根据图 9.3 的实验统计建立图 9.4 的简化计算模型。剩余强度 σ_R 随热震温差变化的计算结果与实验数据的比较如图 9.5 所示。可以看到，数值计算能够预报这个有趣的剩余强度平台现象。

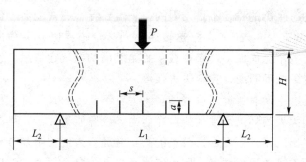

图 9.4 试件的三点弯曲简化计算模型

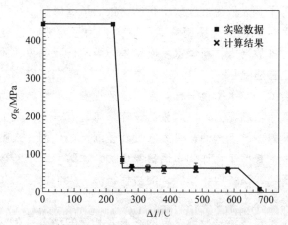

图 9.5 热震开裂试件剩余强度 σ_R 随温差
ΔT 变化的计算结果与实验数据的比较

9.3 动态平衡与突变

图 9.5 的剩余强度平台是一种动态平衡。一般来说，动态平衡会有稳定区，就像高速旋转的陀螺受干扰力摇摆一阵又会恢复直立状态。受随机因素干扰，热震裂纹图案呈现千姿百态，但都是在其固有的理想周期图案附近变动。

材料
力学
趣话

　　动态平衡的稳定不是无限的，一旦出界，往往就会出现突变（很多是灾变）。例如，陀螺转速小到某个临界值会突然丧失直立旋转的平衡而倒下，陶瓷在初始温度增加到一定值后，也会出现穿透裂纹而断裂，完全失去强度。

　　动态平衡有可能麻痹我们。人们曾不断地向大气排放粉尘毒气，因为大气环流有强大的自净能力，依旧蓝天白云，可是有一天突然出现了百多万平方公里的有毒雾霾。人们曾不加节制地向河流湖泊排放污水垃圾，因为流水有强大的自净能力，依旧清波荡漾，可是有一天突然发现，池塘湖泊变臭了，河水甚至井水都不能饮用了。人们曾过度砍伐森林，依旧风调雨顺，可是突然有一天超强台风、特大暴雨来袭了。人们为了享乐，过度消耗能源，过度排放污染，科学家发出警告，再不自我约束，毁灭性的气候就迫在眉睫！

　　社会的动态平衡也一样。人们曾忽视道德问题，因为社会对不良风气有自净能力，民风依然淳朴，可是有一天，人们发现恐怖的三聚氰胺、地沟油、丹顶红、孔雀绿、塑化剂、二噁英、假牛肉……上餐桌了；诈骗电话日益增加，诈骗手段不断翻新，极端思想泛滥，恐怖组织猖獗，海盗横行……人们惊呼，如何确保食品安全？人类道德底线何在？

　　无论是自然还是社会，要回到原有和谐的动态平衡状态，都要付出加倍的努力。在治理过程中，也可能努力一段时间却不见效果。不要气馁，此时内部的恢复正在积累，惊喜会在再坚持一下的努力中来临。

　　最后，观察一个简单的动态平衡转换实验。如图9.6所示，将一根圆杆（如筷子、鼓槌、擀面杖）搁在两手食指上。两手食指缓慢靠拢，却无法使两手指与杆同时做相对运动。左手指与杆有相对运动时，手右指与杆一定相对不动；右手指与杆开始相对运动时，左手指与杆就相对静止了。这个实验的力学原理很简单——动摩擦比静摩擦力略小，但它给我们的启示却远远超越力学原理本身。

图9.6 无法使手指与杆同时做缓慢的相对运动

　　裂纹通常有害，但也有可以利用的一面，特别是它奇妙的周期分级性质，不仅在工程中创造了奇迹，在艺术创作中也开出了奇异之花。下一章我们将介绍这方面的几个重要成果，讨论防害措施。

材料
力学
趣话

参考文献

[1] HOU H L, WU X F, YAN P, et al. Crack patterns corresponding to residual strength plateau of ceramics subjected to thermal shock[J]. Acta Mechanica Sinica, 2012, 28(3): 670-674.

[2] TONG Z H, JIANG C P, LO S H, et al. A closed form solution to the antiplane problem of doubly periodic cracks of unequal size in piezoelectric materials[J]. Mechanics of Materials, 2006, 38(4): 269-286.

[3] 肖俊华，蒋持平. 周期张开型平行裂纹问题研究[J]. 力学学报, 2007, 39(2): 278-282.

[4] YAN P, JIANG C P. An eigenfunction expansion–variational method based on a unit cell in analysis of a generally doubly periodic array of cracks[J]. Acta Mechanica, 2010, 210(1-2): 117-134.

§10
Section

裂纹图案Ⅳ：利用与防害

材料
力学
趣话

摘要 本章介绍古往今来人类应用热应力开裂现象的几个重要成果和成就，包括古代都江堰工程中的热应力劈山开渠，现代地热发电站的人工网状裂纹热水库建设，艺术陶瓷开片(裂)的国宝级艺术珍品和焦炭块尺寸的热应力控制；并举例介绍了热应力开裂造成灾害或灾难的预防措施与相关研究。

本章继续介绍人类利用开裂现象，特别是奇妙的周期分级开裂现象在工程建设和艺术创作中的几个重要成果和成就，讨论防害措施。

10.1 工程应用

热应力开裂现象的重大工程应用，至少可以追溯到公元前256 年左右，李冰父子(图 10.1)率众修建都江堰[1]时。都江堰是世界水利史上设计施工完美、先进、科学且独一无二的无坝式引水枢纽。与之兴建时间大致相同的古埃及和古巴比伦的灌溉系统，都因沧海变迁和时间的推移，或湮没、或失效，唯有都江堰至今还滋润着天府之国的万顷良田。都江堰彻底根除了岷江水患。据司马迁《史记》记载，都江堰的建成，使成都平原"水旱从人，不知饥馑，时无荒年，天下谓之'天府'也"。

图 10.1 李冰父子雕像

都江堰分流岷江，要在玉垒山凿出一个宽 20 米，高 40 米，长 80 米的导水渠。这在还未发明火药的当时，难度很大。李冰父子利用热应力开裂现象，以火烧石，使岩石爆裂，完成了这项浩大的工程。导水渠口因彤状酷似瓶口而得名宝瓶口 (图 10.2)，并凿玉垒山分离的石堆则称为离堆。历经两千多年雨雪风霜和岷江汹涌激流冲刷，离堆依然雄姿英发，完好无损，向世界显示着玉垒山石的坚硬，也仿佛在不倦歌颂着古代人民的智慧。清人宋树森有诗赞曰：

我闻蜀守凿离堆，两崖劈破势崔巍。

岷江至此画南北，宝瓶倒泻数如雷。

地热是人类社会实现可持续发展的绿色能源之一。图 10.3 是西藏羊八井地热发电站[2]。

干热岩地热发电系统如图 10.4 所示。地热发电的基本流程如下[2]：注入井将冷水输入热储水库中，经过高温岩体加热后，

图 10.2　宝瓶口秀丽风光

图 10.3　西藏羊八井地热发电站

在临界状态下以高温水、汽的形式通过生产井回收发电。发电后将冷却水排至注入井中，重新循环。

　　为了使发电站达到更高效率，岩体内部需要形成更多的裂缝，进而使冷水更充分地吸收干热岩的热量。由热应力场产生多裂纹传播，并最终形成广布的裂纹网，就能到达该目的[2]。

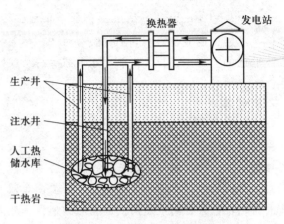

图 10.4　干热岩地热发电系统

热应力开裂现象的另一种重要工程应用是焦炭粉碎。焦炭主要用于高炉炼铁等, 起还原剂、发热剂和料柱骨架的作用。焦炭块的平均大小与分布对于其燃烧性质非常重要。

在煤的焦化过程中, 控制温度和时间是调节裂纹间距以获得理想焦块大小的一种方法。图 10.5(a) 显示, 煤经两小时高温焦化后, 裂纹大致是等深度 15 mm。图 10.5(b) 显示, 再经两小时

材料
力学
趣话

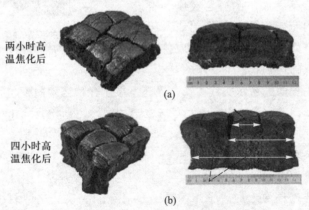

图 10.5　(a) 两小时焦化后的等深度裂纹;
(b) 四小时焦化后不同深度的分级裂纹[3]

焦化后，只有一定间距的部分裂纹继续扩展，长裂纹达 45 mm，其余裂纹停止扩展，形成长短相间的分级裂纹[3]。关于长短相间的周期裂纹形成的力学原理，我们已在 8.1 节进行了探讨。

10.2 艺术创作

艺术品如果出现裂纹，一般是一件扫兴的事。艺术陶瓷的开片是指瓷器釉面的一种自然开裂现象，是陶瓷烧造过程中或其他原因而产生的釉层裂纹，本是一种缺陷。但事物都有双重性，古人反其道而行之，充分利用该缺陷变幻莫测的特点，让人类的创造力与自然鬼斧神工般的开片效应相结合，产生了独特的震撼人心的艺术效果。故宫博物院的哥窑弥勒佛鎏金像（图 10.6）就是这样一件国宝级艺术珍品[4]。佛陀面部及身体裸露部分未见任何开片，充分表达了弥勒佛"容天下难容之事，笑天下可笑之人"的雍容大度和普度众生的宽宏海量。佛像的僧衣袈裟则形象而恰到好处地开片成佛家长老身披的百衲衣。

图 10.6 故宫博物院的哥窑弥勒佛鎏金像

在长期的艺术实践中，古人还发展了开片艺术的评价与鉴赏标准，曰："官窑品格，大率与哥窑相同，色到粉青为上，淡白次之。油灰色，色之下也。纹取冰裂为上，梅花片墨次之，细碎纹，纹之下也。"[4]

图 10.7 是一件宋龙泉窑三足炉，冰裂纹开片。可以看到，在光洁的釉面上形成了如冰雪一般清澈的裂纹。这种裂纹十分致密，没有缝隙，杂质无法侵入，历经数百年仍然显得晶莹剔透。

图 10.8 是文武开片。这种开片是指陶瓷器物上下左右，通体开片。其中大的不规则开片称为文片，文片中又套有较小的开片，称为武片。

图 10.7　冰裂纹开片

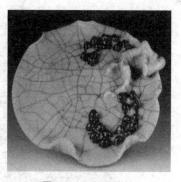

图 10.8　文武开片

图 10.9 是金丝铁线型开片。此种开片是传世哥窑瓷器的特殊纹饰，开片有大、小之分，大开片呈深灰色似铁，小开片呈酱褐色似金，因此得名。

纵观各种各样开片形式的陶瓷艺术品[4]，从实物到古人赋予它们的富有想象力的名字，我们感觉到这些裂纹图案仿佛充满生机，具有永恒的艺术生命力。

图 10.9　金丝铁线型开片

10.3　防害

当然，裂纹也可能造成危害。对于一般结构或建筑，大面积开裂不仅影响美观，严重时还会导致结构破坏或建筑倒塌等灾难性后果，需要尽量避免。防害方法不外乎两个方面：提高材料和结构的强度；降低应力，包括温度湿度等变化所引起的应力。

材料
力学
趣话

以沥青混凝土路面为例。这种路面行车舒适、噪音小、维修方便，被广泛应用，但路面裂缝是常见问题之一，如图10.10所示。

图 10.10　由温度引起的路面等距离裂纹

加铺土工织物或格栅是预防沥青路面裂缝的常用措施[5]。土工织物包括聚乙烯、聚丙烯等，厚度不超过几个毫米，可对加铺层起少量加筋作用。格栅是以高强度玻璃纤维为原料的一种新型加筋材料，具有较高的抗拉强度和弹性模量，应用到沥青面层中可起到提高抗变形能力和延缓疲劳开裂及裂纹扩展的作用。

发展隔热技术是降低热应力的一个有效方法。宋凡等[8]受蜻蜓尾鳍状纳米微柱的启发，对陶瓷表面用等离子刻蚀或酸腐蚀的办法引入具有多级特征的纳米微结构（图10.11）。实验表明，陶瓷试件表面的纳米微结构，使其表面在热震（水淬）过程中仍然覆盖一层空气，该空气层使试件表面热阻增加近万倍，因此，在热震过程中，陡峭温差不发生在陶瓷试件内，大大降低了试件内的热应力，使试件在任何温度热震都不出现热震裂纹。

尽管人类对陶瓷材料的研究、利用和防害已经取得了巨大成就，但依然没有办法从根本上改变陶瓷的本征脆性。在自然界，

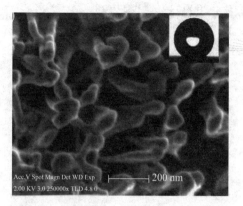

图 10.11　陶瓷试件表面的纳米微结构[6]，
右上角插图显示水接触角为 121.6±2.2°

贝壳的基本成分是原始的、低强度的碳酸钙——人类认为不宜作承载结构的生物陶瓷，但活体的贝壳却是一种超级强韧化材料。其强韧化秘密将在下一章介绍。

材料
力学
趣话

参考文献

[1]　百度百科．都江堰[EB/OL]．[2009]http://baike.baidu.com/view/2240.htm#2.

[2]　李川，王时龙，张贤明，等．干热岩在地热发电中的应用[J]．热力发电，2008，(37)11：138-139.

[3]　JENKINS D R, MAHONEY M R, KEATING J C. Fissure formation in coke. 1：The mechanism of fissuring[J]. Fuel, 2010, 89(7)：1654-1662.

[4]　古瓷开片机理及艺术效果．(2008-08-30)http://www.wenwu.org/showArticle1.asp? anclassid=1&nclassid=222&Articleid=30795.

[5]　刘福军．公路沥青路面裂缝原因分析及防治措施[J]．现代

企业文化，2009(12)：122-123.

[6] SONG F, MENG S H, XU X H, et al. Enhanced Thermal Shock Resistance of Ceramics through Biomimetically Inspired Nanofins [J]. Physical Review Letters, 2010, 104 (12)：125502.

材料
力学
趣话

§11

Section

贝壳 I：科学与艺术珍品

摘要 本章首先介绍贝壳的艺术美和它带给人类的创造灵感，然后介绍贝壳在材料强韧化方面所创造的力学奇迹。贝壳利用 95% 左右的原始低强度碳酸钙，加上少量蛋白质和多糖有机胶，建造了精巧的分级嵌套微结构，使韧性比组分材料提高 3 个数量级，成为超级生物材料。

海潮给金色的沙滩送来形状奇特、色泽艳丽的贝壳，牛顿曾用它来比喻自己的科学发现，流露出未见真理之洋的怅惘。或许在牛顿的时代，人们还没有认识到，贝壳不仅是艺术珍品，还是科学海洋的一颗璀璨珍珠，它创造了力学奇迹——用低强度的碳酸钙制造超级强韧化材料。

11.1 艺术珍品

贝壳是大自然赐予的艺术珍品，它见证了人类文明的进程。史前尼安德特人(7 万至 3.5 万年前)的洞穴里，就发现了贝壳饰物。一般认为，古希腊大哲学家、大科学家亚里士多德和古罗马

材料
力学
趣话

作家、博物学者、军人、政治家老普林尼是最早用文字描述贝壳的人。贝壳是海洋软体动物（mollusk）之壳，据说"mollusk"这个词就是亚里士多德创造的。

贝类生活在浅海大陆架，尤其是热带浅海。它们像多彩饰带镶嵌于绿色的陆地与蔚蓝色的海洋之间，将地球装点得更华美。如今，贝壳的收藏已经成为一门学问[1]，单看贝壳的名字，就美不胜收：帝王芋螺、将军芋螺、女神涡蛤、水晶凤凰螺、夜光蝾螺、露珠蝶螺、乐谱涡螺、地图宝螺、太平洋黑香螺、台湾枣螺、欧洲象牙贝……图11.1是几种贝壳的图片。

(a)　　　　　　(b)

(c)

图11.1　贝壳：（a）帝王芋螺；（b）水晶凤凰螺；（c）夜光蝾螺

贝壳像是从神秘的自然深处流淌出来的艺术清泉，赋予人类创造的灵感。看图11.2的悉尼歌剧院，是海浪中翩翩起舞的贝壳，还是向着大海远航的风帆？贝壳的艺术神韵使它具有永恒的魅力。

图 11.2　悉尼歌剧院

11.2　力学奇迹

材料
力学
趣话

　　贝壳是科学的奇迹，引无数杰出科学家竞折腰。图 11.3(a) 的对数螺旋线和图 11.3(b) 的放射线，一族族优雅的数学曲线，是贝类生长的迹线，其中深奥的生命密码，等待有志者去破译。

(a)　　　　　　　　(b)

图 11.3　贝壳纹理的对数螺旋线(a)与放射线(b)

　　最吸引科学家的是贝壳，特别是活体贝壳的强度和韧性。在介绍该问题之前，不妨先思考一个问题："如何用写黑板的粉笔

87

材料制造坚韧的盔甲?"或许很多人的第一反应是："不可能，劣材不可用。用粉笔这样的脆性材料造不出坚韧的盔甲。"

但是，贝类动物将不可能变成了可能。软体动物的壳主要由碳酸钙构成。鲍鱼壳闪光的内层是珍珠母层，其 95%（体积分数）左右是原始的、低强度的碳酸钙，与粉笔的成分相同。这些碳酸钙以 0.5 微米厚的文石晶片的形式存在，由 5% 左右的有机胶(蛋白质和多糖)粘结。这样形成的生物复合材料的韧性比原始碳酸钙的韧性提高了 3 个数量级，一跃成为超级强韧材料[2]。珍珠母层的文石晶片的厚度正好与可见光的波长相同，能与之发生干涉，因此，贝壳闪现着迷人的珍珠光泽。

贝壳的强度和韧性奇迹是生存竞争的结果。软体动物肉质鲜美，却行动迟缓，自卫乏力。为了生存，它们的外骨骼进化成了今天的贝壳。海洋软体动物既不会入地挖矿，更不能高温冶金，只能从食物取材，在海洋环境温度下生长。正是这种先天的环境条件约束使它们创造了一个人类未曾想到的材料设计和制造的新方式。

11.3 微型长城?

科学家对贝壳强度和韧性的研究从了解贝壳的内部结构开始，有科学家将其微结构分为 7 类，示意图如图 11.4 所示[3]。

贝壳的微结构使我们很容易联想到中国万里长城的砖块-灰浆结构。有趣的是，贝壳的"灰浆"是生物有机胶。古人修筑长城的灰浆里也添加了糯米这种有机粘结剂。初看贝壳俨然是微型长城，何况二者的功能都是御敌于国门之外。

但仔细研究，就发现二者根本不能相比。长城的特点是大，像巨龙横卧于崇山峻岭之上，它的背后是幅员辽阔的国土，修筑它的是人口最多的国家。登上长城之巅，一览起伏的群山，立即会感受到中华民族粉碎任何侵略者的决心和力量，民族自豪感油

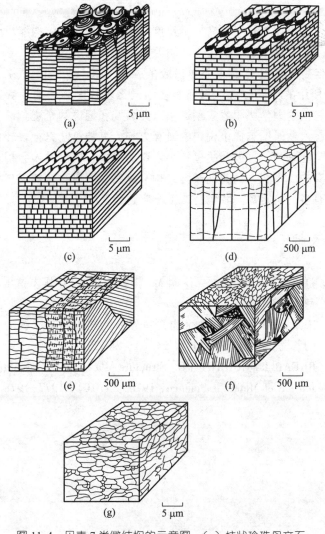

材料
力学
趣话

图 11.4 贝壳7类微结构的示意图：（a）柱状珍珠母文石；
（b）片状珍珠母文石；（c）簇叶状方解石；（d）棱柱文石或方解石；
（e）交叉层状文石；（f）复杂交叉层状文石；（g）均匀分布。
其中文石和方解石是碳酸钙的不同晶体形式

然而生。

　　贝壳小，与长城不在一个尺度。如果将长城的结构缩小到贝壳的尺寸，会很脆弱，起不了防卫盔甲的作用。

　　但是贝壳找到了一个神话般的强韧化设计方案。原来，图11.4所绘的小"砖块"里还有多级向微观尺度延伸的嵌套微结构，它们的力学协同效应创造了贝壳强度和韧性的奇迹。这使作者想起六朝时期志怪小说中的嵌套鬼神，鬼神口吐鬼神，吐出的鬼神又吐鬼神……嵌套的鬼神小说奇幻诡丽，但没有人会相信那是真实的。那么，贝壳的嵌套结构又是怎么回事呢？神话与科学究竟有多远的距离？我们将在下一章讨论。

参考文献

[1]　丹斯 S P. 贝壳[M]. 沃德 M，摄影. 北京：中国友谊出版公司，1998.

[2]　宋凡，白以龙. 一类生物材料界面的结构及其裂纹的阻力[J]. 力学与实践，2002，24(6)：24-26.

[3]　BREAR K，CURREY J D. Structure of a sea-urchin tooth[J]. Journal of Materials Science，1976，11(10)：1977-1978.

贝壳Ⅱ：多级微结构

　　摘要　从嵌套的鬼神小说到嵌套的俄罗斯玩偶，再到嵌套分级的贝壳微结构，奇幻瑰丽的神话与奇妙真实的科学通过天马行空的想象之桥相连。贝壳的嵌套微结构使外力打击所引起的裂纹沿嵌套的之字形路径传播，从而大大增加了裂纹扩展阻力，增加了裂纹扩展所消耗的能量，为脆性材料的强韧化提供了新途径。

材料
力学
趣话

　　§11 提到，贝壳是以低强度的脆性碳酸钙为主要原料的生物陶瓷，创造了超级强韧材料的力学奇迹，其秘密在于从纳米尺度到宏观尺宽的分级嵌套微结构。这种真实的科学设计竟与奇幻瑰丽的嵌套鬼神小说有异曲同工之妙，科学与神话借由想象之桥紧密相连。

12.1　尺度嵌套的想象和神话

　　记得中学物理课的一件轶事。学习原子模型时，虽然老师说了电子绕原子核的运动规律与宏观世界的运动规律大不相同，如原子尺度的运动有宏观世界没有的测不准原理等，但作者仍将原子模型想象成行星绕恒星运动的太阳系模型。于是突发奇想，认为原子模型就是下一级宇宙的太阳系，如此从巨到微构成无限的尺度嵌套宇宙，各级宇宙都有自己独特的运动规律、独特的生命形态、独特的智慧生物所创造的独特文明。同学们觉得有趣，也凑拢来，七嘴八舌，开始想象我们的太阳系或总星系是上一级巨观宇宙的"原子"。那么这个"原子"是位于巨观宇宙的什么位置？在上一级智慧生物体内，还是在一片绿叶中，抑或是游弋在无生命的物质内？大家各执一词，开始争论，甚至提出了发明胜过孙悟空金箍棒的巨微变化自如的飞船，去穿越从微到巨的无限分级世界，由于每一级尺度的运动都受不同的神秘自然法则支配，穿越尺度的遨游玄之又玄，妙之又妙，趣味之又趣味……

后来发现，原来人类一直对空间尺度大小和嵌套有着强烈的兴趣，奇想联翩。从我国脍炙人口的《西游记》《封神演义》等小说中诸神的伸缩变化到外国作品《格列佛游记》中的小人国、巨人国和《昆虫世界漫游记》中的缩小药，汗牛充栋的书籍中记载了人类对空间尺度大小变化的种种奇幻想象。我国六朝志怪鬼神小说如吴均所著的奇诡的阳羡鹅笼的故事，鬼神口吐鬼神，吐出的鬼神又吐鬼神，更虚构了嵌套分级世界。他虚构的嵌套鬼神可自由穿越不同尺度，聚于一起：

"阳羡许彦于绥安山行，遇一书生，年十七八，卧路侧，云脚痛，求寄鹅笼中。彦以为戏言，书生便入笼，笼亦不更广，书生亦不更小，宛然与双鹅并坐，鹅亦不惊。

彦负笼而去，都不觉重。前行息树下，书生乃出笼谓彦曰，'欲为君薄设。'彦曰，'善。'乃口中吐出一铜奁子，奁子中具诸肴馔。……酒数行，谓彦曰，'向将一妇人自随。今欲暂邀之。'彦曰，'善。'又于口中吐一女子，年可十五六，衣服绮丽，容貌殊绝，共坐宴。俄而书生醉卧，此女谓彦曰，'虽与书生结妻，而实怀怨，向亦窃得一男子同行，书生既眠，暂唤之，君幸勿言。'彦曰，'善。'女子于口中吐出一男子，年可二十三四，亦颖悟可爱，乃与彦叙寒温。书生卧欲觉，女子口吐一锦行障遮书生，书生乃留女子共卧。

男子谓彦曰，'此女虽有情，心亦不尽，向复窃得一女人同行，今欲暂见之，愿君勿泄。'彦曰，'善。'男子又于口中吐一妇人，年可二十许，共酌，戏谈甚久，闻书生动声，男子曰，'二人眠已觉。'

"因取所吐女人，还纳口中。须臾，书生处女乃出谓彦曰，'书生欲起。'乃吞向男子，独对彦坐。"

据鲁迅先生考证[1]："此类思想，盖非中国所故有，段成式已谓出于天竺(古代所称印度)"。

这些嵌套鬼神的奇诡故事是否在冥冥之中源自真实物质世界嵌套的暗示，抑或是纯粹的想象，不得而知。享誉世界的俄罗斯套娃则是由嵌套想象设计实物的一个例子。图 12.1 是一种俄罗斯特产木制嵌套玩具，一般由多个同样或近似图案的空心木娃娃一个套一个组成，最多可达十几个。俄罗斯套娃通常为圆柱形，底部平坦可以直立，现在已经成为俄罗斯特产和纪念品的形象代表。套娃嵌套，但还在同一尺度。

材料
力学
趣话

图 12.1　俄罗斯套娃

20 世纪中叶以后发展起来的现代复合材料就是分级结构，其发展促进了科学技术的革命性进展。自然界的贝壳也是一种生物复合材料，从宏观到纳米尺度，其结构嵌套分级之精巧，远胜人造复合材料，可以跟上文的嵌套想象和神话媲美。

12.2 与嵌套神话世界媲美的贝壳结构

鲍鱼是餐桌美味，而鲍鱼壳是科学家研究贝壳力学性质的典型材料[2,3]。薄薄的鲍鱼壳有独特精巧的分级微结构。图 12.2 显示了鲍鱼壳的细观珍珠母子层，层间由 8 微米的粘塑性有机生物材料粘结。图 12.3 是珍珠母子层下一级的约 0.5 微米厚的文石（碳酸钙）晶片砌层结构，由 20～30 纳米的生物胶粘结，生物胶体积分数约为 5%。

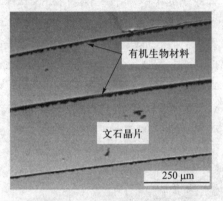

图 12.2 鲍鱼壳的珍珠母子层

图 12.3 珍珠母子层由文石（碳酸钙）晶片构成，晶片厚度约 0.5 微米

12.3　强韧化机理

贝壳是如何将力学性能低劣的脆性材料碳酸钙（文石晶片形式）点石成金变为超级强韧复合材料的呢？答案是，从细观到宏观分级嵌套并匹配外载的结构一体化力学设计。

脆性的碳酸钙抗压不抗拉。贝壳拱起面承受横向外载，就像我国隋朝工匠李春建造的赵州桥的拱形结构，将外载转换为面内压力。当然，贝壳毕竟比赵州桥薄得多，贝壳在脆性材料强韧化方面必定还有新绝招。

脆性材料之所以脆，其中一个原因是裂纹沿直线扩展，速度快，路程短，容易酿成灾难性事故。贝壳分级结构的力学效应之一是，将裂纹的传播路径变成嵌套的之字形，从而大大增加了裂纹扩展阻力，增加了裂纹扩展所消耗的能量，实现了脆性材料的强韧化。

如图12.4（a）所示[3]，裂纹扩展遇到珍珠母子层间的胶接层时，路径拐向竖向粘结层，之字形扩展使裂纹路径增加。更妙的是，将珍珠母子层内的裂纹直线段放大［图12.4（b）］，该裂纹直线段又显示为拐折的之字形，在珍珠母子层内的文石晶片砌块间拐折穿行，即裂纹是沿所谓自相似嵌套的分形路径扩展，这种嵌套之字形裂纹扩展路径使裂纹扩展长度成几何级数增加，需要消耗更多的机械能。片层之间的微量生物胶，又赋予贝壳适中的变形能力。

显然，如果图12.4受横向（图中水平方向）的拉力，裂纹将沿层间纵向直线扩展，贝壳的强度和韧性小。但是贝壳在自然界不会受到这样的力，因此，贝壳的强韧化设计是根据外载设计的各向异性强韧化。

我们终于知晓贝壳的强韧化机理了！但是且慢，在自然智慧面前，最好永远保持敬畏。如果将§11图11.4看作研究的1.0

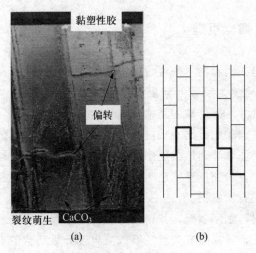

图 12.4 （a）裂纹遇到胶结层拐折；（b）上一尺度裂纹
的直线段在下一尺度仍为之字形

版，是人类建造砖墙结构的知识水平，那么，本章的图 12.2 和图 12.3 则揭示了贝壳的分级结构，图 12.4 进一步揭示了裂纹嵌套之字形扩展的强韧化新机制，研究渐入佳境，升级到了 2.0版。还有的 3.0 版吗？有的，原来图 12.3 的文石晶片间的连接不是简单的砖块砌墙的离散式堆叠，贝壳晶片之间由矿物桥连接，同时砌块之间的有机胶也是蛋白质链的分级结构。矿物桥和蛋白质链让不同级的微结构协同作用，再次提高了贝壳的力学性能，我们将在下一章介绍。

参考文献

[1] 鲁迅. 中国小说史略[M]. 北京：北京大学第一院新潮社，1923.

[2] SONG F, ZHANG X H, BAI Y L. Microstructure and characteristics in the organic matrix layers of nacre[J]. Journal of

Materials Research, 2002, 17(7): 1567-1570

[3] SONG F, SOH A K, BAI Y L. Structural and mechanical properties of the organic matrix of nacre[J]. Biomaterials, 2003, 24(20): 3623-3631.

§13 *Section*

贝壳Ⅲ：贯通尺度之桥

摘要　本章介绍鲍鱼壳珍珠母层的文石（碳酸钙）晶片之间的矿物桥连接，以及矿物桥与生物胶的蛋白质链协同作用的增韧机制。鲍鱼壳的文石晶片仅 0.5 微米厚，在其呈圣诞树形生长的过程中，自然长成矿物桥，给仿生提出了挑战。

§12 介绍了贝壳的分级结构，以及裂纹在分级结构中嵌套之字形扩展的增韧机制。但是这样的增韧机制还不足以完全解释贝壳的超级强度和韧性。本章将继续介绍贝壳中连接不同尺度微结构的矿物桥以及多尺度多因素的协同增韧机制。

13.1　贯通尺度的矿物桥

鲍鱼壳的珍珠母子层是由生物胶胶结的文石（碳酸钙）晶片。曾有科学家猜测，文石晶片可能不像砖块那样完全离散，晶片之间有矿物桥连接。宋凡等[1]首先观测到了晶片间矿物桥的存在，如图 13.1 箭头所指处。他们发现，矿物桥在晶片表面的分布不是均匀的，而是中心域更密集一些，如图 13.2 所示。

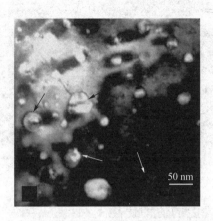

图 13.1　文石晶片间的矿物桥连接（箭头所指处）

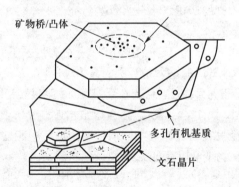

图 13.2　矿物桥在晶片表面的分布示意图，中心域更密集

　　矿物桥的发现引起了科学界的兴趣，很快，其他科学家也证实了矿物桥的存在，拍摄了更清晰的文石晶片之间矿物桥的照片，如图 13.3 所示。科学家进一步发现，文石晶片之间的生物胶也有复杂的分级微结构。贝壳通过多尺度、多因素的协同优化，才创造了它的力学性能奇迹。

500 nm

图 13.3 由珍珠母层横断面观测到的矿物桥（箭头所指处）

13.2 力学性能的协同优化

以当前人类的认识水平分析，鲍鱼壳对力学性能的协同优化至少包含如下几点：

1）围绕功能优化。贝壳的破坏因素是外力打击所引起的弯曲内力，因此，珍珠母层的内力是片层的面内拉压力。文石晶片沿力的方向，即平行于壳面铺设，使其在受力方向的强度和韧性最大。

2）如 §12 图 12.4 所示，多级微结构造成裂纹嵌套偏转，使裂纹扩展路径呈几何级数增加，所消耗的能量也相应增加，同时裂纹尖端的受力变化，都阻滞了裂纹的扩展。

3）矿物桥结合生物胶增加晶片错动阻力。我们将在下面详细讨论这个新的协同强韧化机制。

从 §12 图 12.4 可知，珍珠母层的断裂模式是在断裂面的文石晶片被拔出，位于断裂带的晶片间发生剪切错动，晶片间受的力是剪切力。如图 13.4（a）所示，两晶片间的矿物桥首先在生物胶的支持下抵抗剪切外力，一旦外力超过极限，矿物桥就会断裂。如图 13.4（b）所示，断裂的矿物桥和未充分发育连接的矿物桥形成微观凹凸不平面，阻碍变形的继续发生。

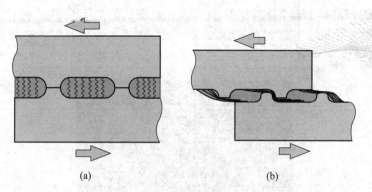

图 13.4 （a）应力超过一定限度，矿物桥断裂；（b）断裂的
矿物桥和分级的生物胶之间的阻力随晶片滑动而增加

从图 13.4 还可看到，生物胶内的蛋白质链连接两晶片。晶片微错动变形后，蛋白质链被拉伸，也能提供很大的剪切阻力。这样的剪切阻力随错动量的增加而增加，阻碍裂纹的进一步扩展。

我们知道，脆性材料文石晶片的变形很小，受力时在局部造成很大的应力集中，从而引起脆断。蛋白质层的变形帮助应力向周围转移，克服了脆性材料的弱点。文石晶片和蛋白质链的力学性能互补，多级微结构协同优化，使贝壳成为超级强韧的材料。

实验证实，鲍鱼死后，壳内生物胶干涸，壳变脆，力学性能大大退化。

13.3 矿物桥的自然长成与仿生难题

贝壳微结构仿生的难点在于，文石晶片薄，仅 0.5 微米，如此薄又数量巨大的文石晶片的制造和铺设，已经无法由当前的技术实现，如果还要仿制晶片之间的矿物桥，那就难上加难了。

那么贝类动物的超级壳是如何建造的呢？答案是自然长成。如图 13.5（a）所示，贝壳初生的珍珠母层生长着"圣诞树"。

材料力学趣话

图 13.5(b)是"圣诞树"的放大图,层状的文石晶片"树叶"横向生长,"叶片"长满后,形成砌块-生物有机胶组成的类砖墙结构。在此生长过程中,"圣诞树树干"自然成为矿物桥。

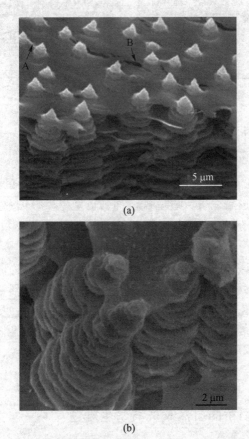

材料
力学
趣话

图 13.5 贝壳珍珠母晶片的"圣诞树"生长过程[2]

贝壳这种看似信手拈来、自然生长形成的矿物桥长时间难倒了人类。所以贝壳的仿生研究虽多,但许多宣称仿生的科研报告实际未脱常规工程砌砖结构的窠臼,未脱现代工程复合材料层板的窠臼。人造层片至少比贝壳的文石晶片厚两个数量级,同时没有矿物桥，其力学性能与贝壳相差甚远。

科学技术虽然有时进展缓慢，但总是在坚定地前行，突破往往都源自新思想和新方法。有科学家从水结冰时对杂质的偏析现象获得了灵感。他们精心设计，让冰凌在陶瓷颗粒悬浮液浆中定向生长，析出层片状陶瓷，然后蒸发去水并注入聚合物，再压实，烧结，获得了具有矿物桥的层合仿生陶瓷，我们将在下一章介绍。

参考文献

[1] SONG F, ZHANG X H, BAI Y L. Microstructure and characteristics in the organic matrix layers of nacre［J］. Journal of Materials Research, 2002, 17(7)：1567-1570.

[2] MEYERS M A, LIM C T, LI A, et al. The role of organic layer in abalone nacre［J］. Materials Science and Engineering：C, 2009, 29(8)：2398-2410.

材料
力学
趣话

§14

Section

贝壳Ⅳ：冰模仿生

摘要　科学家利用水结冰时的杂质偏析现象，让冰棱在三氧化二铝陶瓷悬浮液中定向生长，形成复杂奇妙的冰棱模，析出层状多孔陶瓷，蒸发去水并注入聚合物，再压实，烧结，获得具有矿物桥的层合仿生陶瓷，韧性比组分材料高 300 多倍，模拟了贝壳珍珠母层的增韧机制。

　　本小专题 §11~ §13 介绍了人类如何逐步揭开贝壳具有超级力学性质的神秘面纱，其中贝壳珍珠母结构中文石晶片之薄(0.5微米厚)和晶片之间的矿物桥连接给仿生提出了挑战。

　　本章介绍贝壳仿生的一个重要成果——冰模仿生。特别有趣的是，从古战场的用冰如神，到文学艺术中的冰花雪韵，再到科学家手中的冰棱魔模，我们看到冰雪赋予了各行各业的人以不同的创造灵感。

14.1　用冰如神

　　冰雪曾是战场的法宝。例如，在第一次世界大战中，意大利和奥地利在阿尔卑斯山的特罗尔地区交战，双方经常用大炮轰击积雪的山坡，制造雪崩来杀伤敌人，死于雪崩的人数不少于四万。

我国古战场则提供了许多更有趣的用冰如神的范例。翻到古典名著《三国演义》第五十九回：

话说曹操与马超大战于渭河。"操拨三万军士取渭河沙土欲筑土城坚守。超差庞德、马岱各引五百马军，往来冲突；更兼沙土不实，筑起便倒。是时天气暴冷，彤云密布，操立不起营寨，心中忧惧。

"忽人报曰：'有一老人来见丞相，欲陈说方略。'操请入。见其人鹤骨松姿，形貌苍古。问之，乃京兆人也，隐居终南山，姓娄，名子伯，道号梦梅居士。操以客礼待之。子伯曰：'丞相欲跨渭安营久矣，今何不乘时筑之？'操曰：'沙土之地，筑垒不成。隐士有何良策赐教？'子伯曰：'丞相用兵如神，岂不知天时乎？连日阴云布合，朔风一起，必大冻矣。风起之后，驱兵士运土泼水，比及天明，土城已就。'操大悟，厚赏子伯。子伯不受而去。

"是夜北风大作。操尽驱兵士担土泼水，比及天明，沙水冻紧，土城已筑完。细作报知马超。超领兵观之，大惊，疑有神助。"

梦梅居士一个用冰的简单方略胜过数万雄兵，让神勇马超不得不叹服敌手的智慧更神妙。

战场用冰如神，神则神矣，然而"一将功成万骨枯"，杀戮气太重。但愿残酷的战争永远远离人类，永远封存在希腊神话的潘多拉盒内或禁闭在《水浒传》的伏魔殿，至多在舞台银幕或游戏机里虚拟留存。

14.2 冰花雪韵

如果没有冰花雪韵，人类的文学艺术一定逊色不少。如图 14.1 所示，雪花晶莹剔透，周期对称，却又灵动变化，确是大自然送给人类的神奇礼物。李白一句"欲渡黄河冰塞川，将登太行雪满山"，让壮志难酬的苦闷与豪气充溢冰雪宇宙；柳宗元一句"孤舟蓑笠翁，独钓寒江雪"，给广袤无垠、万籁俱寂的雪景配上遗世独立、峻洁孤高的心灵绝唱。当然，飞雪冰花在更多的时候被视作春的使者、鲜花的化身或伴侣：

忽如一夜春风来，千树万树梨花开。

——岑参《白雪歌送武判官归京》

柳翠含烟叶，梅芳带雪花。

——高正臣《晦日置酒林亭》

红花初绽雪花繁，重叠高低满小园。

——温庭筠《杏花》

冰花和鲜花，将冰清玉洁与灿烂春光同时带给人类，让生活充满诗意。

图 14.1　周期对称却又灵动变化的雪花

14.3　贝壳的冰模仿生

冰棱在科学家的手中又成了创造发明的魔杖。利用水结冰时所含杂质的偏析现象可以净化工业废水[1]，科学家灵光一闪，利用结冰时杂质的偏析现象，冷凝三氧化二铝陶瓷颗粒悬浮液浆，制造出了类似贝壳珍珠母层的结构。这种冷模铸造（freeze casting）仿生的方法如图 14.2 所示，在事先设计好的地方引入结晶核可以使冰棱像手指一样沿着一个方向生长出冰晶层[2]。

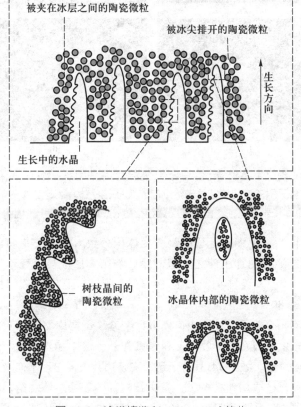

图 14.2　冷模铸造（freeze casting）仿生

冰晶生长过程中，会将大部分的陶瓷颗粒排开，使之在层状冰晶之间形成层状多孔陶瓷，然后蒸发去除水分，注入聚合物。如图 14.3(a)所示，亮层是陶瓷层，暗层是聚合物层[3]。

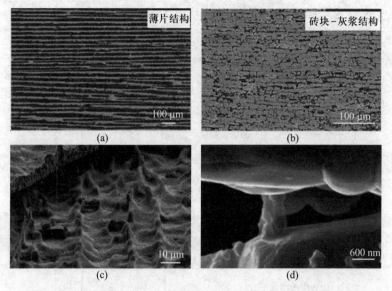

图 14.3 (a)冰模铸造的陶瓷层(亮层)和灌注的聚合物层(暗层)；(b)垂直于层的方向压实后烧结成的砖块-灰浆结构；(c)悬浮液中加入蔗糖使陶瓷表面改性，出现连绵微型丘陵；(d)烧结后出现仿生矿物桥

这样制造的陶瓷层板的陶瓷相体积分数太低，于是科学家在垂直于层的方向加压使之致密，然后烧结，形成与贝壳珍珠母层相似的砖块-灰浆结构，如图 14.3(b)所示。此时陶瓷相的体积分数可达 80%。

还有一个难题，就是如何模拟贝壳珍珠母层中文石晶片的发育成熟和未发育成熟的矿物桥。科学家在悬浮液中加入蔗糖，使陶瓷层片表面改性，如图 14.3(c)所示，陶瓷层片表面出现了连绵起伏的微型丘陵，较成功地模拟了贝壳文石晶片的表面。经烧结，陶瓷层片某些表面突起被烧结连接，形成了仿生矿物桥，如图 14.3(d)所示。

14.4 增韧效果

实验表明，冰模仿生陶瓷复合材料的韧性比其组分材料的韧性提高了 300 倍以上。为了研究增韧机制，科学家进行了拉伸实验，观察裂纹的萌生和扩展过程。

图 14.4(a)显示，与天然贝壳一样，冰模仿生陶瓷复合材料的裂纹也是沿粘结层萌生和扩展，扩展途径呈之字形，增加了能耗。图 14.4(b)显示，仿生陶瓷复合材料的失效形式不是像工程陶瓷一样直线解理断裂，主要是陶瓷片粘滑拔出，同时，裂纹的萌生和扩展呈弥散状而不是局部集中，模拟了贝壳的增韧机制[3]。

材料
力学
趣话

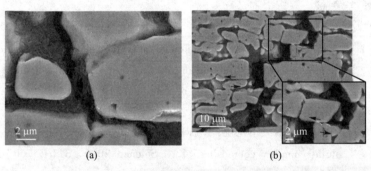

(a)   (b)

图 14.4 冰模仿生陶瓷复合材料的断裂：
（a）裂纹沿粘结层之字形扩展；（b）陶瓷片粘滑拔出

传统方法仿生的陶瓷层片的厚度要比贝壳的文石晶片大至少两个数量级，利用冰模仿生将差距缩小为一个数量级，特别是冰模仿生模拟了矿物桥及其与粘结剂协同的增韧机制。但是仿生陶瓷与贝壳的差距仍然明显，不仅体现在仿生陶瓷层片的厚度仍大一个数量级，还体现在成分的差距，活体鲍鱼壳生物胶体积分数仅为 5% 左右，生物陶瓷体积分数约为 95%，而冰模仿生的陶瓷层片的陶瓷相体积分数只能达到 80% 左右。

有一句谚语说，在大海的沙滩上可以拾到各式各样的贝壳，可是要索取珍珠，必须潜入海洋的深处。从认识贝壳的砖块-灰浆结构的增强机制，到认识嵌套分级结构的裂纹多级偏转强韧化机制，到认识矿物桥-有机胶蛋白质链的协同强韧化作用，再到冰模仿生，人类一直在不断刷新潜入无垠科学海洋的深度。

还记得§5图5.1中，乔木与藤蔓共秀硬实力与巧实力吗？在动物界，贝壳和蜘蛛丝就是硬实力与巧实力的两个具有超级力学性能的武器。柔能克刚，贝壳是用于防卫，蜘蛛丝却是用于捕获。接下来的§15~§17将介绍蜘蛛丝，我们会惊讶地看到，超级柔韧和超级强韧力学设计思想有共同点——都是从纳米到宏观尺度的分级微结构设计。

参考文献

[1]　GAY G, AZOUNI M A. Forced migration of nonsoluble and soluble metallic pollutants ahead of a liquid-solid interface during unidirectional freezing of dilute clayey suspensions [J]. Crystal Growth and Design, 2002, 2(2)：135-140.

[2]　DEVILLE S, SAIZ E, RAVI K N, et al. Freezing as a path to build complex composites [J]. Science 2006, 311 (5760)：515-518.

[3]　MUNCH E, LAUNEY M E, ALSEM D H, et al. Tough, bio-inspired hybrid materials [J]. Science, 2008, 322 (5907)：1516-1520.

§15
Section

蜘蛛丝 I：超柔韧

摘要　本章介绍蜘蛛丝的力学性能。蜘蛛丝既有优异的强度，又有优异的延伸率和韧性，这使得蜘蛛网承受静载和昆虫冲击的能力均超过其他人造和天然材料，无愧"超级生物材料"的称号。蜘蛛丝的力学性能随应变率的增加而增加，进一步提高了蜘蛛网的抗冲击能力。蜘蛛丝的黏弹性性质和捕捉丝的黏性能有效防止捕获的猎物被弹出。

材料
力学
趣话

如果你在林间小路上的浪漫情趣不意被一张黏黏的蜘蛛网粘走，别着恼，且收住脚步端详这另一款自然超级材料。超柔韧的蜘蛛丝可是与超强韧的贝壳并列为自然材料的两颗超级明星。

15.1　亿年练就的超级丝

人类自古就惊叹于蜘蛛结网捕食的神奇。在古典神话名著《西游记》第七十二回（盘丝洞），吴承恩以奇幻瑰丽的想象，写出了蜘蛛生活习性的神韵和蜘蛛丝的超级性能。在小说家的笔下，蜘蛛妖精是闭花羞月、超尘脱俗的美女："闺心坚似石，兰性喜如春。娇脸红霞衬，朱唇绛脂匀。蛾眉横月小，蝉鬓迭云新。若到花间立，游蜂错认真。"她们的居处情趣盎然："石桥高耸，潺潺流水接长溪；古树森齐，聒聒幽禽鸣远岱。"她们洗浴在"滚珠泛玉"的濯垢仙泉。她们使的蛛丝法宝"如雪又亮如雪，似银又光似银"，将天蓬元帅绊倒跌得"身麻脚软，头晕眼花，爬也爬不动，只睡在地下呻吟"。

这里，小说家以蛛丝法宝的神通传神地写出了蜘蛛丝的超级力学性能，却仿佛忽略了练就这种神通的严酷环境。固然，蓝天白云之下、绿树繁花之间结网狩猎，逍遥细品送上门的美餐，充满了诗情画意。但自然界也不可避免时有超过蜘蛛网承受能力的大猎物造访，如鸟雀穿越，就会网破而猎物飞走。更有甚者，在恶劣天气，如狂风暴雨裹挟着沙石断枝袭来，蜘蛛网就会面临被瞬间毁灭的危险。

另外，产丝不易，必须节约再节约。科学家曾用扫描电镜观察过一种蜘蛛丝，其直径[1]仅约为 4 微米（图 15.1），比人的头发丝还细得多。人们常用千钧一发来形容极度危险，对于蜘蛛丝，不是"一发"，而是"N 分之一发"了。正是严酷环境下的生存竞争，才练就了蜘蛛丝的超柔韧力学性能。

考古表明，至少从侏罗纪时代开始，蜘蛛就已经在我们的蔚蓝色星球繁衍生息了，图 15.2 是我国内蒙古发现的 1.65 亿年前的蜘蛛化石。如果要根据现在对蜘蛛丝的研究写盘丝洞后传，可能就是"亿年蛛丝法宝重放光华，顶尖科学家争相探访"了。

图 15.1　直径 4 微米
的蜘蛛丝[1]

图 15.2　1.65 亿年前的蜘蛛化石（新浪网）

15.2　超级力学性能

　　如图 15.3 所示，蜘蛛丝分为曳丝和横丝。曳丝包括蜘蛛网的径向丝和将网牵引到树枝或其他固定物上的丝，构成网的骨架。

曳丝

横丝

图 15.3　蜘蛛网的曳丝和横丝[2]

曳丝也是蜘蛛的保命丝，可以悬吊蜘蛛避免其直接坠地。横丝在
径向曳丝的骨架上沿螺旋线编织，具有黏性，功能是粘住猎物，
防止猎物逃脱。

曳丝和横丝的主要力学性能，包括初始弹性模量 E、强度极
限 σ_b、延伸率（即最大伸长量与原长之比）ε_{max}、韧性 a_k 列于
表 15.1 中。为了方便比较，表 15.1 也列出了高强度钢和合成橡
胶的力学性能[3]。

表 15.1　蜘蛛曳丝、蜘蛛横丝、高强度钢和
合成橡胶的主要力学性能

材料	初始弹性模量 E/GPa	强度极限 σ_b/MPa	延伸率 ε_{max}	韧性 a_k/(MJ/m³)
蜘蛛曳丝	10	1 100	0.27	160
蜘蛛横丝	0.003	500	2.7	150
高强度钢	200	1 500	0.008	6
合成橡胶	0.001	50	8.5	100

从表 15.1，蜘蛛丝比高强度钢和合成橡胶优异在什么地方呢？
如图 15.4(a) 所示[3]，先考虑蜘蛛丝承受横向静载。设蜘蛛丝承受
重力为 W，根据静力学平衡条件，丝的内力 $F_N = 0.5W/\sin\theta$。根据
几何关系，$\cos\theta = 1/(1+\varepsilon)$，其中 ε 为丝的应变，即伸长量与原
长之比。考虑表 15.1 的 4 种材料，假设它们都达到自己的极限
强度和最大伸长量，即 $\varepsilon_{max} = 0.27$（曳丝）、2.7（横丝）、0.008
（钢丝）、8.5（橡胶丝），那么可以求得丝的内力与横向载荷之比
$F_N/W = 0.811$（曳丝）、0.528（横丝）、3.977（钢丝）、0.503（橡
胶丝）。由此求得相同横截面积下这 4 种材料与曳丝最大承载之
比，见表 15.2。可见蜘蛛曳丝承受的静载能力最大，横丝次之，
高强度钢和合成橡胶就差多了。

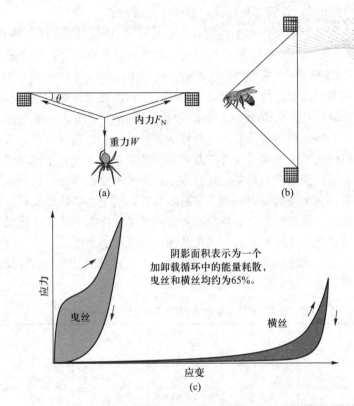

图 15.4　蜘蛛丝功能与性质：(a)横向静载；(b)冲击载荷；
(c)黏弹性应力应变曲线(应力是单位面积上的内力，
应变是单位长度的伸长量)

表 15.2　承受图 15.4(a)横向静载，表 15.1 中
4 种材料与蜘蛛曳丝最大承载之比

蜘蛛曳丝	蜘蛛横丝	高强度钢	合成橡胶
1	0.698	0.278	0.073

再看图 15.4(b)由飞行猎物带来的冲击载荷，这时衡量猎物
破坏力的指标是它的动能。韧性反映了材料吸收动能的能力。从

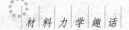

表 15.1 可以看到，蜘蛛丝的韧性也是最好的。

因此我们可以得出结论，无论对于图 15.4(a) 的横向静载，还是对于图 15.4(b) 的冲击载荷，蜘蛛丝的承载能力都高得多。

图 15.4(c) 很有趣，它表明，蜘蛛曳丝和横丝在卸载与加载时的应力应变曲线都不重合，形成一个迟滞回路，说明蜘蛛丝具有黏弹性性质。黏弹性材料的滞后效应是由材料的内摩擦引起的，机械能由内摩擦耗散为热能。蜘蛛丝的一个加卸载循环耗散的机械能约为 65%。这个能量耗散有重要作用，保证了捕到猎物后，网的变形滞后恢复，反弹很小，猎物不会被弹出。在相反的情形，例如竞技体育的蹦床和跳水跳板，则是希望机械能耗散越小越好，这样可以将器械存储的应变能接近完全释放，将运动员高高弹起，使他们有时间完成各种惊险优美的动作。

对于危险的冲击载荷，蜘蛛丝的力学性能还随应变率 ε'（单位时间的应变）变化，见表 15.3[3]。

表 15.3　蜘蛛曳丝的力学性能随应变率 ε' 的变化[3]

ε'/s	E/GPa	σ_b/MPa	ε_{max}	$a_k/(MJ/m^3)$
0.000 5	9.8	650	0.24	91
0.002	8.9	720	0.24	106
0.024	20.5	1 120	0.27	158
20~50	25~40	2 000~4 000	20~50	500~1 000

将表 15.3 中在低应变率(0.000 5/s)，即准静态载荷时的数据与表 15.1 比较，可以看到，虽然不同研究人员取样和实验条件不同，数据有差别，但能很好互相支持。表 15.3 中蜘蛛丝的力学性能参数随应变率增加而增加的幅度很大，在 20~50/s 的应变率时，关键指标韧性达到高强度钢的 100 倍左右！另外，以 0.024/s 的应变率，猎物撞上蜘蛛网到网被破坏的时间约为 11 s，以 30/s 的应变率，时间约为 0.02 s。猎物从撞上蜘蛛网到速度变为零(或网被破坏)的时间肯定小于 11 s，故蜘蛛丝的力学性能参

数随应变率增加而增加的性质进一步提高了蜘蛛网的抗冲击能力。

除了超级力学性能，蜘蛛丝还有一个奇特的物理性质，即高热导率。一般聚合物的热导率很低，为 0.1 W/(m·K) 的量级，但是科学家测得[1]，同样也是聚合物的蜘蛛曳丝在应变小于 3.9% 时热导率为 (348.7±33.4) W/(m·K)，而且热导率随应变的增加而增加，当应变达到 19.7% 时，蜘蛛曳丝的热导率为 (415.9±33.0) W/(m·K)，增加了约 19.3%。蜘蛛丝的热导率可以与熟知的高热导率的铜[401 W/(m·K)] 相比。在许多高技术(如电子封装)领域，散热是一个挑战性问题，蜘蛛丝给人们新的启示，助人们开发轻质、性能可调、可生物降解和电绝缘的高热导率材料。

蜘蛛丝这种超级柔韧性能是怎样获得的呢？我们将在下一章介绍。

参考文献

[1] HUANG X P, LIU G Q, WANG X W. New secret of spider silk：exceptionally high thermal conductivity and its abnormal change under stretching[J]. Advanced Materials, 2012, 24 (11)：1482-1486.

[2] SWANSON B O, BLACKLEDGE T A, HAYASHI C Y. Spider capture silk：performance implications of variation in an exceptional biomaterial[J]. Journal of Experimental Zoology Part A：Ecological Genetics and Physiology, 2007, 307 (11)：654-666.

[3] GOSLINE J M, GUERETTE P A, ORTLEPP C S, et al. The mechanical design of spider silk：from fibroin sequence to mechanical function[J]. The Journal of Experimental Biology. 1999, 202(Pt23)：3295-3303.

材料
力学
趣话

蜘蛛丝 II：多级微结构

摘要　本章介绍蜘蛛丝由普通蛋白质和弱的化学键连接的独特微结构；介绍它将普通力学性能的材料，通过从微观到宏观多级自组装，获得同时具有高强度和高延展性的超级力学性质的跨尺度力学原理；介绍蜘蛛丝在纳米尺度的微结构优化及其独特的线弹性-软化-硬化的应力应变曲线。

　　§15 介绍的蜘蛛丝的超柔韧力学性能给制造蜘蛛丝的材料披上了神秘的面纱。然而令人意外地，蜘蛛丝只是利用了普通的生物材料——蛋白质和弱力学连接的化学键——氢键。

　　高强度材料延伸率低，高延伸率材料强度低，这似乎是材料力学性质的普遍规律。蜘蛛丝凭借什么"魔法"打破了这个规律，创造出高强度与高延展性完美结合的奇迹？原来与贝壳一样，也是凭借内部独特的多级微结构，且蜘蛛丝的内部结构似乎更为精巧奇妙。

材料
力学
趣话

16.1 蜘蛛丝的分级微结构

蜘蛛小小的吐丝口结构并不简单，里面有数百根细管。蜘蛛通过细管吐丝，丝一团团首尾相连成为丝原纤维。图 16.1(a) 的蜘蛛曳丝直径只有 4 微米左右，却包含了数百根丝原纤维。图 16.1(b) 是图 16.11(a) 的局部放大，平行虚线标出了一根丝原纤维，圆圈则是一根吐丝管吐的一团丝[1]。更神奇的是，丝原纤维内部还有根据跨尺度力学原理设计的精巧分级微结构。

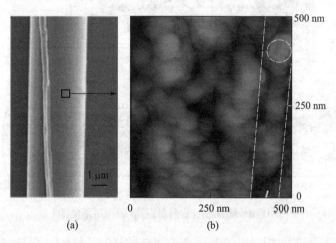

(a)　　　　　　　　　　(b)

图 16.1　蜘蛛曳丝和内部的丝原纤维[1]

现在，让我们在蜘蛛曳丝的跨尺度路线图（图 16.2，§15 参考文献[1]）的导引下，开始从宏观尺度向微观尺度的旅行。

旅行出发地是图 16.2(a) 的蜘蛛网，宏观尺度的入口位于图 16.2(b) 的一段曳丝，在电子显微镜（简称电镜）下测得它的直径仅 4 微米左右，比人类的头发细得多。向下走一个尺度台阶［图 16.2(c)］，出现了曳丝的内部结构，由外皮、包裹层和大量丝原纤维［图 16.1(b) 虚线内的部分］构成。这与我们熟悉的多股钢缆、

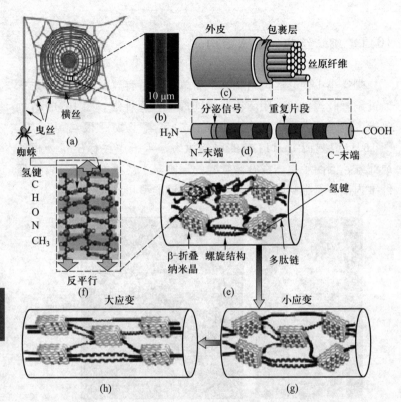

图 16.2 蜘蛛曳丝的分级结构(跨尺度路线图)

绳索和导线等的结构相似,大量文献与教科书已经阐明了这类结构的力学性能特点和优点。曳丝仿佛就是微型人类工程的杰作!

接下来就是人类工程见不到的奇景了。再向下走一个尺度台阶[图 16.2(d)],丝原纤维的结构呈现出来,即两种重复的蛋白质,并分别由氨基(—NH$_2$)和羧基(—COOH)在两端处结束。继续向下走,到了纳米尺度,即蜘蛛丝内部分级结构的华彩尺度台阶[图 16.2(e)]:蛋白质的 β-折叠纳米晶体(以下简称为折叠纳米晶)由蛋白质无定形 β-螺旋结构和 β-转角多肽链连接(以下简称为蛋白质链)。再下台阶到图 16.2(f),见到折叠纳米晶由弱的化学键氢键连接，蛋白质链也由氢键保持小变形时不松开。
16.2 节我们就在纳米尺度台阶［图 16.2（e）］观赏蜘蛛丝无与伦
比的高强度与高延伸率完美结合的跨尺度力学奥秘。

16.2　跨尺度力学

　　从小到大考虑蜘蛛丝受到的拉力。如图 16.3 所示，蜘蛛丝受到
小拉力时，图 16.2(e) 折叠纳米晶和蛋白质链内的氢键没有断裂，应
变与力的大小成正比，弹性模量 E（曲线斜率）为常量，即图 16.3 应
力应变曲线的第Ⅰ阶段。当拉力增大到某个临界值时，蛋白质链
缠结的氢键断开，链开始被拉直，宏观现象是蜘蛛丝屈服，弹性
模量突降，进入图 16.3 的第Ⅱ阶段。这个阶段丝可以伸展很长，
图 16.2(e) 到图 16.2(g) 再到图 16.2(h) 说明了蜘蛛丝具有大延
展性的原理：当基体中的蛋白质链充分展开后［图 16.2(h)］，蜘
蛛丝的大变形阶段结束，弹性模量急剧增加，进入图 16.3 的第
Ⅲ阶段，即硬化阶段。最后折叠纳米晶被破坏，蜘蛛丝被拉断。

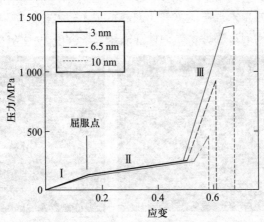

图 16.3　蜘蛛丝在拉伸载荷下的应力应变曲线（计算模拟[3]
的分段线性简化曲线，真实曲线在第Ⅱ和Ⅲ阶段是曲线）

图 16.3 的第Ⅲ阶段有 3 条线，最上一条线对应于蜘蛛正常吐的丝，其折叠纳米晶长 3 纳米，下面两条线分别为假设折叠纳米晶长 6.5 纳米和 10 纳米的丝。这 3 条线所揭示的纳米尺度效应将在 16.3 节讨论。

16.3　纳米尺度效应与优化

通过影响蜘蛛的吐丝速度[1]，能够得到不同尺寸的折叠纳米晶。实验表明，随着折叠纳米晶尺寸的增加，蜘蛛丝强度降低。蜘蛛正常吐的丝为优化值。

为了说明蜘蛛丝的纳米力学优化原理，有学者[4] 根据图 16.2(e) 和 (f) 蛋白质链对折叠纳米晶体的作用力，建立了图 16.4 的受力模型，即上下端被约束，中部受蛋白质链向左的横向力。力学计算表明，图 16.4(a) 长晶的破坏是弯曲主导的折断，晶体中部左侧氢键在弯折中被拉裂，属于脆性断裂，极限载荷小；图 16.4(b) 短晶则属于剪切滑动破坏，晶片在粘滑拔出过程中的阻力大大提高了承载能力。对于 3 纳米、6.5 纳米和 10 纳米 3 种长度的折叠纳米晶的计算结果已经在图 16.3 给出。

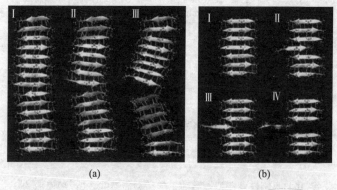

(a)　　　　　　(b)

图 16.4　上下端被约束，中部受横向力的纳米折叠晶：
(a)长晶，弯曲折断；(b)短晶，剪切拔出

细心的读者会发现，图 16.3 第Ⅲ阶段短晶的曲线（最上一条）达到失效载荷后还有一个"尾巴"，表明丝还能在一定变形范围内保持承载能力。这是因为图 16.4(b) 晶片拔出过程中氢键首次断开后，滑移到相邻氢键又会连接上。这种断开，滑移后连接，再断开，再滑移后连接，直至晶片完全被拔出的过程，对蜘蛛丝韧性的增加做出了重要贡献，别看这个小"尾巴"不显眼，其能量耗散达到了总耗散能的 20%。

16.4 启示与应用

蜘蛛丝具有捕捉飞行昆虫所需的超级力学性能。以功能为目标优化力学性能是生物材料的共同特征，还有像血管的弹性、骨的韧性、羽毛的轻质和抗弯折性、鲨鱼皮的减阻性、啄木鸟喙的抗冲击性等。这些优化的力学性能都是采用普通材料，通过多尺度力学设计获得的，它引领人类进入分级结构材料与跨尺度力学的新交叉研究领域。

从制造工艺看，生物材料是自下而上，逐渐长出来的，能自组装出复杂的独特微结构；而工程复合材料则是自上而下生产，需要模具，只能造出简单的微结构。所以，现在离工业生产出蜘蛛丝一样的工程材料还有相当长的路要走。

蜘蛛丝原纤维在国防、军事（如防弹衣）、建筑等领域具有广阔的应用前景。但是，天然蜘蛛丝结网的产丝量非常低，同时，蜘蛛具有同类相食的个性，无法像家蚕一样高密度养殖，因此，目前蜘蛛丝的应用价值仍远低于家蚕丝。

在自然界，昆虫等身体的微量金属元素对力学性能的提高起着重要作用，受此启发，德国科研人员[4]通过向蜘蛛丝里添加锌、钛或铝，能让蜘蛛丝变得更加坚韧，强度大大增加，可达到比钢高两倍的程度。

无论从科学还是工程的角度，蜘蛛丝的研究前景都是非常广阔的。

　　最后指出，生物能将自己各部分的功能发挥到极致，且往往
有多种用途。例如豆荚，既是保护籽粒的盔甲，又是传送养分的
通道，还是制造养分的工厂（含叶绿素），最后还要完成弹射传
播籽粒的任务。又如鸟羽，既支撑身体飞行，又起保温隔湿和伪
装隐蔽的作用。回过头来再看图 16.3 那款线弹性-软化-硬化的
曲线，这独特的曲线形状原来大有深意，它赋予蜘蛛网超级抗损
伤和带缺陷工作的能力，我们将在下一章介绍。

参考文献

[1]　DU N, LIU X Y, NARAYANAN J, et al. Design of spider
silk: from nanostructure to mechanical properties[J]. Biophys-
ical Journal, 2006, 91(12): 4528-4535.

[2]　NOVA A, KETEN S, PUGNO N M, et al. Molecular and
nanostructural mechanisms of deformation, strength and tough-
ness of spider silk fibrils[J]. Nano Letters, 2010, 10(7):
2626-2634.

[3]　KETEN S, XU Z P, IHLE B, et al. Nanoconfinement controls
stiffness, strength and mechanical toughness of β-sheet crystals
in silk[J]. Nature Materials, 2010, 9(4): 359-367.

[4]　LEE S M, PIPPEL E, GÖSELE U, et al. Greatly increased
toughness of infiltrated spider silk[J]. Science, 2009, 324
(5926): 488-492.

蜘蛛丝Ⅲ：带损伤工作网

摘要 本章介绍蜘蛛丝独特的线弹性–软化–强非线性硬化的应力应变曲线对建造超级带缺陷工作能力的蜘蛛网的作用。这种独特力学性质使得蜘蛛网一旦局部靶载荷超载，靶载丝在经历软化大变形后急剧非线性硬化，独自承担过量载荷，直至断裂，而其余网丝的内力继续保持在安全范围内，实现损伤局部化与极小化。仅改变一下应力应变曲线的形状，就使网具有了超级抗损伤能力，体现了蜘蛛应用力学知识的神奇。

生物材料以系统的多功能优化著称，有些非常隐秘，直至现在我们仍不断有新的发现。对于蜘蛛丝的应力–应变曲线[§16.图16.3或本章图17.2(a)]，以往人们惊叹于它的高强度与高延展性相结合的超级力学性能，却没注意到这种独特线弹性–软化–强非线性硬化的曲线形状。后来才发现，这种曲线形状还有重要的力学功能，即建造具有超级抗损伤和超级带缺陷工作能力的网[1]。

人类经历了大量惨痛的灾难性事故才认识到，材料抗损伤和带缺陷工作能力的重要性。先从教训谈起。

材料
力学
趣话

17.1 灾难性事故对科学与工程研究的推动

第二次世界大战以前，材料强度相对不高，材料的小缺陷引起的灾难性事故相对较少，也相对不严重，因而没有引起广泛重视。

第二次世界大战期间和之后，大量高强度和超高强度的材料在工程中，特别是在航空航天和军事工业中应用，由材料的局部小缺陷引发了许多重大和特别重大的灾难性事故。例如 1954 年，英国海外航空公司的两架"彗星"号大型喷气式客机接连失事，通过对飞机残骸的打捞分析发现，失事是由气密舱窗口处铆钉孔边缘的微小裂纹发展所致，而这个铆钉孔的直径仅为 3.175 mm。

图 17.1 是飞机的小窗户，它不是主承载件，却因它的局部微小缺陷，引发了特大空难。大量这样的惨痛教训使人们开始反思单纯追求材料的高强度与高刚度的严重副作用，催生了断裂与损伤力学，进而提高了结构安全评估和安全设计水平。

亿万年前，蜘蛛就已经为我们提供了低成本和高效率的带缺陷工作的范例[1]。成语"大海捞针"比喻极难甚至是不可能办到的事，"长

图 17.1 飞机窗户

天网虫"却是蜘蛛的真实生活。天阔虫稀，网要大一点，再大一点。产丝不易，丝不得不细一点，再细一点。如此要求丝细，再去要求硬性抵挡狂风暴雨，飞沙走石，禽鸟大虫的袭击是不现实的。如果损一丝而毁全网，蜘蛛恐怕要被开除地球籍了。蜘蛛找到了最佳应对方法，它不追求消灭网的缺陷，而是追求缺陷极小

化，难扩展。如果到郊外观察，我们很难找到一张没有缺陷的蜘蛛网，同样我们也很难发现带缺陷的蜘蛛网丧失了捕虫的能力，这样的超级抗损伤和带缺陷工作的能力的核心秘密原来在蜘蛛丝的独特应力应变曲线。

17.2　蜘蛛丝独特的 J 型应力应变曲线

说到材料的应力应变曲线，自然要说到胡克定律。1678 年，胡克指出："任何弹簧受力与伸长成比例，即：一份力引起拉伸或弯曲一个单位，两份力将引起拉伸或弯曲两个单位，三份力将引起拉伸或弯曲三个单位，如此类推。"

老亮[2]指出，我国春秋时期古籍就有 "量其力，有三均，均者三，谓之九和"。东汉著名注释家郑玄 (127—200 年) 注释："假令弓力胜三石，引之中三尺，弛其弦，以绳缓摆之，每加一石，则张一尺。" 即使从郑玄算起，对力与变形线性关系的论述也比胡克早了 1500 年，因此老亮主张将胡克定理改称为郑玄-胡克定理。

武际可[3]作了更深入的考证，并对我国科学技术落后的根源进行了反思：虽然发现了弹性物体力与变形的线性规律，且比胡克早了 1500 多年，但是近两千年没能再前进一步，而西方却在胡克的基础上，不断精确化，开拓应用范围，形成了庞大的近代科学的一个分支——固体力学体系。

图 17.2 (a) 是蜘蛛曳丝的独特 J 形曲线[1]，可分为线弹性、软化、非线性硬化、失效拉断 4 个阶段。普通材料的应力应变曲线有两个典型模型，即图 17.2 (b) 的线弹性模型和图 17.2 (c) 的理想弹塑性模型。为了方便比较，设 3 种应力应变曲线的极限应力相同，并且在图 17.2 (b) 和 (c) 中也画出了蜘蛛曳丝的 J 形曲线。17.3 节我们介绍这种 J 形曲线如何能打造出超级带损伤工作网。

材料
力学
趣话

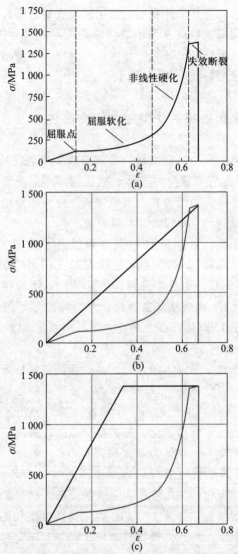

图 17.2 蜘蛛丝与材料的典型应力应变曲线：（a）蜘蛛曳丝的
应力应变曲线；（b）线弹性模型与蜘蛛曳丝应力应变曲线对照；
（c）理想弹塑性模型与蜘蛛曳丝应力应变曲线对照

17.3　J形应力应变曲线打造超级带损伤工作网

事实上，并不是参考文献[1]首先发现蜘蛛曳丝有图 17.2(a)所示的独特 J 形应力应变曲线。§15 参考文献[3]早就绘制了蜘蛛曳丝和横丝的应力应变曲线草图（§15 图 15.3）。参考文献[1]的贡献在于发现了这种独特的 J 形与网的损伤破坏局部化和带缺陷工作能力的关联。

图 17.3(a)是 8 根曳丝的蜘蛛网计算模型，曳丝外端固定，靶（集中）载荷作用在第 2 根曳丝上。图 17.3(b)~(d)是第 2 根曳丝断开前各曳丝的无量纲应力图，这里所谓无量纲应力是指实际应力与极限应力的比值。图 17.3(b)是根据实际曳丝的应力应变曲线[图 17.2(a)]的计算结果，图 17.3(c)和(d)则分别采用图 17.2(b)和(c)的线弹性和理想弹塑性模型计算。

可以看到，采用实际蜘蛛丝的应力应变曲线仿真的网的破坏面积最小[图 17.3(a)上图]，线弹性模型网的破坏面积增加了[图 17.3(a)中图]，理想弹塑性模型网的破坏面积最大[图 17.3(a)下图]。这似乎与我们的经验相反？因为理想弹塑性材料建造的工程结构能够产生局部塑性变形降低应力集中，难以发生靶载荷、微缺陷导致的灾难性事故。

图 17.4 是为了说明这一点绘制的蜘蛛网作用靶载荷的变形与破坏的仿真图。验证这个仿真图与实验吻合的方法很容易。去郊外找一张较为完整的蜘蛛网，分别挑起一根横丝和一根曳丝，观察变形和断裂。

从图 17.4(a)可以看到，横丝在靶载下主要发生自身变形和破坏。§15 已经介绍，横丝是捕捉丝，有黏性，初始弹性模量仅为 3 MPa，是曳丝（10 GPa）的三千多分之一，但具有惊人的延展能力，伸长量能达原长的 270%，以柔克刚捕获猎物。横丝的断裂对全网的安全没有影响。

曳丝呈放射状稀疏分布，猎物直接撞上的概率较低。同时，没有黏性的曳丝是一条柔绳，只要猎物不是质心对曳丝轴线的碰撞，曳丝能荡开使猎物粘到横丝（捕捉丝）上。图17.3和图17.4(b)考虑的是最坏情形，即猎物的质心对曳丝的轴线，猎物冲力远超网的强度。

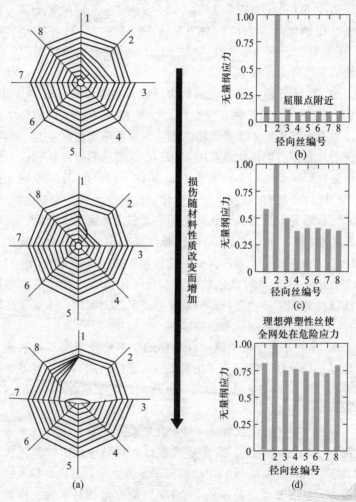

图 17.3　3 种模型在极限靶载荷下的应力与破坏区域

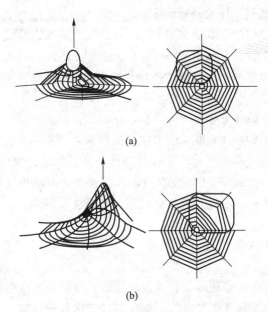

(a)

(b)

图17.4　(a)靶载作用于横丝时网的变形与破坏；
(b)靶载作用于曳丝时网的变形与破坏

　　从图17.4(b)看到，网的变形呈山形，靶载点位于峰顶，受靶载的曳丝变形最大，其余曳丝变形小很多。为了方便说明，不妨设其余曳丝的应变不超过极限应变的60%。图17.2应力应变曲线的极限应变为0.67，那么不受靶载曳丝的应变 ε 不超过0.4。

　　考察不受靶载曳丝的应力。当 $\varepsilon = 0.4$ 时，从图17.2(a)看到，实际蜘蛛丝的J形应力应变曲线对应的应力仍在软化点附近，很小。精确计算得出的图17.3(b)的直方图说明这样的分析合理。由此可见除受靶载曳丝，其余曳丝应力仍处于安全范围。而从图17.2(b)看到，线弹性模型的应力将达到断裂应力的60%，有危险；从图17.2(c)看到，理想弹塑性模型的应力将达到断裂应力的100%，破坏难以避免。图17.3(c)和(d)的精确计

材料
力学
趣话

131

算图同样表明这样的分析合理。

这样我们就不难理解图 17.3（a）的 3 个小图，从上至下，当蜘蛛丝力学性能从线弹性-软化-非线性硬化，变到线弹性，再变到理想弹塑性时，网丝的破坏比例从 2.5% 增加到了 15%，增加了 5 倍。

我们不妨将 8 根曳丝比喻为一支军队，靶载比喻为敌人。非线性硬化的蜘蛛丝是聪明的军队，外敌来了，齐心协力防御，但遇到不可战胜的强敌时，受靶载的战士就主动堵枪眼（通过硬化独自承担过量载荷），牺牲自己，保全大家。而理想弹塑性丝则是蛮干的军队，不论情势全体硬顶，容易全军覆没。

17.4　一体化优化设计

没有改变强度极限，蜘蛛仅将所吐的丝的应力应变曲线的形状似乎不经意地拨弄了一下，蜘蛛网就魔术般地具有了超级抗损伤和带缺陷工作的能力。我们不得不叹服力学的神奇，叹服蜘蛛应用力学知识的神奇。那么，蜘蛛丝独特的应力应变曲线用于其他工程结构，是否也能创造同样的神奇呢？具体问题要具体分析。

图 17.5 的三杆桁架是材料力学的一个典型结构。如果三杆材料相同，杆 2 的应变最大，应力也会最大。如果将材料换成蜘蛛丝的线弹性-软化-非线性硬化性质，杆 2 率先硬化，承担更大比例的载荷，在更小的外载下断裂，于是载荷转移到另两根杆，桁架更容易破坏了。这是因为图 17.5 与蜘蛛网的载荷性质不同，蜘蛛网受靶载的丝断了以后，载荷即卸去，而图 17.5 的结构的载荷会作用整个结构破坏。

虽同为吐丝动物，家蚕就没有盲从。家蚕丝有近似图 17.2（c）的理想弹塑性性质。这是因为蚕茧（图 17.6）即使仅穿一个小孔，也等于放外界"子弹"射穿蚕蛹，相当于斩首，什么都完了。于是家蚕丝不论情势全体硬顶是最好的选择。

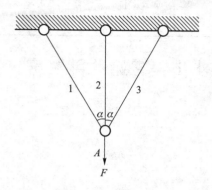

图 17.5　三杆桁架

图 17.6　家蚕茧

材料
力学
趣话

事实上，家蚕也不是蛮力防卫，它通过外面絮状丝附着支撑物，遇到外力打击会晃动避让。

蜘蛛丝的超级抗损伤能力对工程结构抗地震、冲击等不确定、不可抗因素的设计有重要参考价值。蜘蛛从丝的微结构、网的宏观结构到考虑载荷形式的一体化优化设计，更是工程设计的最高境界。相信自然材料还有更多的奥秘等待我们去探索。

自然材料离不开水，接下来的§18～§20将讲述几个有趣的关于亲疏水的故事。

参考文献

[1]　CRANFORD S W, TARAKANOVA A, PUGNO N M, et al. Nonlinear material behaviour of spider silk yields robust webs [J]. Nature 2012, 482(7383): 72-76.

[2]　老亮. 我国古代早就有了关于力和变形成正比关系的记载 [J]. 力学与实践, 1987, 9(1): 61-62.

[3]　武际可. 郑玄的弓和胡克的弹簧[J]. 力学与实践, 2012, 34(5): 75-77.

§ 18

Section

亲疏水 I：雾姥 "斗" 雾

材料
力学
趣话

摘要 纳米布沙漠雾姥甲虫的 "斗" 雾实际是在饮雾，介绍甲虫背部亲水−疏水的周期峰谷表面结构对提高饮雾效率的作用。为了说明科学在争论中前进，本章也介绍了另一组科学家对这一发现的质疑和前一组科学家的答复。此外，本章还讨论了收集雾露的生物表面结构的跨物种相似性。

18.1 雾姥 "斗" 雾

凌晨，黎明前的黑暗中，强劲的海风送来浓雾。雾姥甲虫已经爬上沙丘，迎风面雾、低头张腿、翘起后背，颇像斗牛斗鸡的警戒式。如图 18.1 所示，雾姥 "斗" 雾为非洲西南部纳米布沙漠增添了一道独特景观。

原来，非洲西南的大西洋，由于本格拉寒流的作用，沿岸雨水极其稀少，甚至一年无雨，使与海相连的纳米布沙漠成为地球上最干旱荒芜的生物栖息地。白天，太阳将沙漠烤得炙热，后半夜，海风送来浓雾，能吹进沙漠一百多公里，雾姥甲虫的 "斗" 雾实际是在饮雾。浓雾养育了纳米布沙漠独特的动

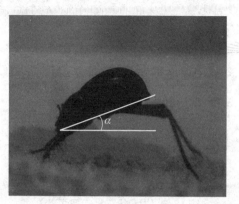

图 18.1　"斗"雾的纳米布沙漠雾姥甲虫。

人造雾室拍摄的照片[1]，15 只甲虫的倾角测得为 $\alpha = 22 \pm 0.65°$

物和植物群落，其独特的体型结构和独特的行为习性中，许多至今仍是谜。

18.2　液体和固体的接触角

　　为了方便介绍，先回顾一下固体亲疏水的一些概念。我们知道，液体内部的分子受周围分子的引力是对称的，合力为零；液体表面分子受内部分子的引力远大于其受外部气体分子的引力，因此，液体表面分子受到的拉力形成了液体的表面张力（图 18.2）。有关液体与气体间表面张力的讨论也可以推广到固体与液体、固体与气体之间。

　　水对固体的湿润性一般用接触角 θ 来度量。如图 18.3 所示，γ_{lv}，γ_{sl}，γ_{sv} 分别是液体与气体、

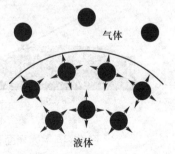

图 18.2　液体表面和内部水分子的受力情况

固体与液体、固体与气体之间的表面张力，它们与接触角 θ 的关系由 Young's 方程给出：

$$\gamma_{sv} = \gamma_{sl} + \gamma_{lv}\cos\theta \tag{18.1}$$

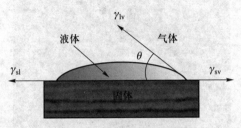

图 18.3 固液气三相的表面浸润

如图 18.4 所示，当 $\theta < 90°$ 时，固体表面被称为亲水表面；当 $\theta > 90°$ 时，固体表面被称为疏水表面，特别地，$\theta > 150°$ 的表面被称为超疏水表面。接触角 θ 是 3 种表面张力平衡的结果，它使得体系的总能量最小。Young's 方程适用于理想光滑的固体表面，而对于实际粗糙表面的润湿性，主要由 Wenzel 模型和 Cassie-Baxter 模型表征。这 2 种模型都认为增加固体表面粗糙度可以增强疏水性，事实上，荷叶的超疏水性就是由表面微米级乳突和乳突上的纳米级颗粒实现的。

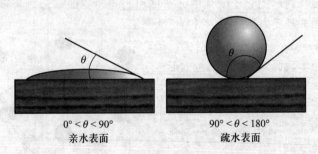

$0° < \theta < 90°$ $90° < \theta < 180°$
亲水表面   疏水表面

图 18.4 亲水表面和疏水表面的接触角范围

18.3 亲疏水峰谷

有科学家[2]对一种纳米布甲虫（图 18.5）进行了研究。他们发现，甲虫的背部（翅鞘，即甲虫的外骨骼）随机分布着直径约为 0.5 mm 的丘陵状凸起，凸起之间相距 0.5~1.5 mm。

10 mm

图 18.5 一种背部分布丘陵状凸起的纳米布甲虫[2]

对甲虫背部染色处理后发现，如图 18.6(a) 所示，丘陵状凸起峰顶光滑，无覆盖物，而谷底以及连接凸起与谷底的斜坡上存在着具有微观结构的涂覆物，检测发现涂覆物为蜡。在扫描电镜下可以看到，蜡层不是光滑的，如图 18.6(b) 所示，蜡层的微观结构是六角形排列的半球，这种微结构类似于荷叶表面的超疏水结构。

看来雾姥甲虫"斗"雾姿势（图 18.1）的谜底揭开了。甲虫背部亲水的丘陵峰粘住雾，防止它被强劲海风吹走，当雾气积聚的液滴在亲水峰长大，重量超过亲水峰所能提供的黏附力时，液滴滚落，并沿突起之间的超疏水谷流入甲虫口中。

亲水峰粘结雾水，疏水谷导流雾水，并使水分减少蒸发。雾姥甲虫提供了一个饮雾的绝妙方法。

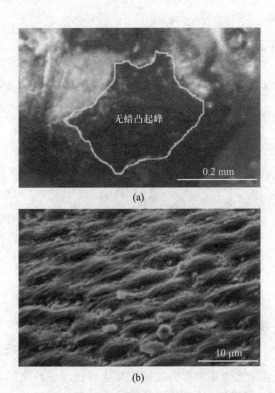

图 18.6 (a)染色处理后的甲虫背部丘陵状凸起，
峰顶为光滑的无蜡区，亲水，其余区域覆盖蜡，疏水；
(b)扫描电镜下除丘陵峰的疏水区，六角形分布的蜡半球微结构[2]

18.4 亲-疏水结构收集雾水效率的实验

雾姥背部收集的雾水被自己喝掉了，难以定量分析。于是科学家将 0.6 mm 的亲水的玻璃球嵌入超疏水的蜡板，在人造雾室中进行了一系列仿生实验。

实验模型有 4 种，第一种模型中玻璃球呈方形阵列排布，间距为 0.6 mm；第二种模型中玻璃球随机分布，其平均间距约为

0.5 mm；剩余两种模型为对照组，分别为同样尺寸的超疏水蜡板和亲水玻璃板。4 种模型倾斜 45°，下端都配有收集水的装置，温度保持为 22 ℃，在同样的雾气条件下考察雾水收集效率，每种模型重复实验 10 次。

在方形阵列模型中，球形的液滴很快形成，当尺寸达到 3.8~4 mm 时滚下，这种模型收集到的水分最多，设为 1 个单位；随机分布模型和纯蜡板模型分别收集到 0.95 和 0.5 个单位的水分；玻璃板收集的水分分散性较大，主要原因在于液滴平铺在板上，其下落路径随机，如果路径指向收集装置，水分收集量可达到 1 个单位，反之则收集不到任何水分。

实验结果证实了亲水和超疏水的组合可以有效地实现水分收集的目的，对于缓解干旱多雾地区水资源匮乏有重大的应用前景。

18.5 质疑

科学发现必须接受实验检验，在质疑中得到公认或被否定。另一组科学家[1]从纳米布沙漠捕捉了 4 种甲虫，如图 18.7 所示。经过比对，确认甲虫 D 就是前一组科学家研究的甲虫(图 18.5)。

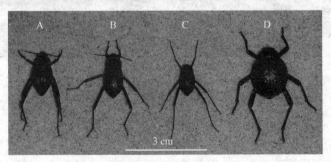

图 18.7 从纳米布沙漠捕捉的 4 种甲虫：A 为 O. unguicularis，
B 为 O. laeviceps，C 为 S. gracilipes，D 为 P. cribripes

甲虫被捕捉后放到铺沙箱内，运到瑞典一所大学实验室，运输途中和到达实验室一周后随意供水，然后断水两周，开始实验。用德国制造的专用仪器制造雾风，一只一只甲虫进行实验。送雾前，甲虫都在人造沙丘上四处走动。送雾后，如果甲虫来到人造沙脊以雾姥的姿势（图18.1）迎雾风静立2分钟，就确认它的雾姥行为；若20分钟后甲虫仍对雾风没有反应，就换一只甲虫实验。结果发现，图18.7中甲虫A在12只中有6只出现雾姥行为，6只没有，其余3种甲虫都不出现雾姥行为。

4种甲虫背部的扫描电镜照片如图18.8所示，可以看到，实验室观察到雾姥行为的甲虫A背部有宽一点的凹槽，实验室没有观察到雾姥行为的甲虫B背部有细一点的凹槽，而甲虫C和D的背部都是粒状凸起。

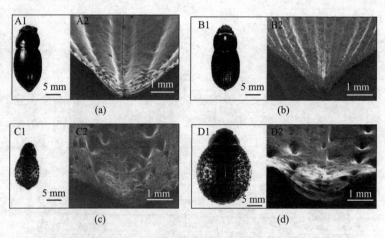

图18.8　4种甲虫背部的扫描电镜照片

为了做收集雾水的效率实验，将每种甲虫冻死20个，去掉腿和触须，按活体甲虫A的雾姥行为的方位和角度，固定在粘土模上，甲虫嘴下放水收集装置，两小时后计量所收集的水。重复实验5次。

这组科学家发现，4 种甲虫单位时间内收集水的绝对量差不多，但按单位面积收集水的效率比较却是，最小的甲虫 C（图 18.7 和图 18.8）效率最高，前一组科学家研究的甲虫 D 因体型最大，收集水的效率最低。

这组科学家进一步用苏丹 III 将甲虫的背部染色，这样疏水的蜡层会呈现光亮的橙色，如果有亲水峰则会呈暗的黑色。但是他们没有在 4 种甲虫中任何一种的背部发现亲水区，如图 18.9 所示，于是他们对第一组科学家的发现提出质疑，质疑要点如下：

1）甲虫的背部都覆盖生物蜡，没有所谓的亲水峰存在。

2）前一组科学家观察到的甲虫（图 18.7 甲虫 D）的雾姥行为可能是受惊恐所致，因为受惊恐的姿态与雾姥行为不易区分。

材料
力学
趣话

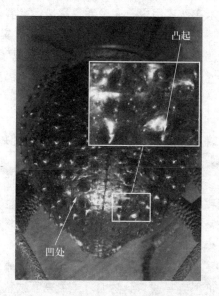

图 18.9　将甲虫 P. cribripes（图 18.7 甲虫 D）冻死，用苏丹 III 将其背部染色后的扫描电镜照片，做实验的科学家认为框内放大粒状凸起峰没有暗的无蜡亲水区，但前一组科学家认为有，并在放大图用箭头表示

18.6　对质疑的答复

　　前一组科学家写了一篇关于自然的水收集的比较性综述兼答复质疑[3]。他们认为后一组科学家拍摄的照片有暗的亲水峰，并用箭头做了标示（图18.9大框箭头）。他们反质疑认为，活体的生物材料与死的生物材料性质相差很大，用冻死的甲虫做的收集雾水效率的实验不一定符合实际。他们指出，从自己关于甲虫的亲水-疏水粒状凸起研究出发，其他学者已取得了许多成果。

　　但是前一组科学家似乎没有回答他们研究的甲虫是不是雾姥，是不是纳米布沙漠甲虫只有少数是雾姥，且雾姥甲虫背部不具有他们所描述的亲水-疏水粒状凸起等问题。实验成本昂贵，加之又有技术困难（例如活甲虫收集的水被喝掉了，无法定量；死甲虫又因为性质已退化，结果不可信），完全揭开谜底，还需假以时日。

18.7　收集雾露生物表面结构的跨物种相似性

　　像纳米布沙漠这样极端少雨但多雾的地域，能收集吸收空气中雾露的动物和植物的表面结构具有惊人的相似性。

　　图18.10是槽形表面结构，其作用是导流，将收集的水导向嘴或根部，减少蒸发损失。

　　图18.11是几种动植物的锥形表面结构。像蜥蜴鳞片刺、仙人掌的刺，人们很容易联想到防卫。锥形表面结构的确有防卫功能，但还有一个隐秘的功能可能难以想到，那就是导流。这是因为，根据拉普拉斯压力梯度，水会从大曲率的尖端流向小曲率的根部，甚至能够克服重力向上流。此外，水还会从疏水的、粗糙的、可湿性差的低表面能表面流向高表面能表面。

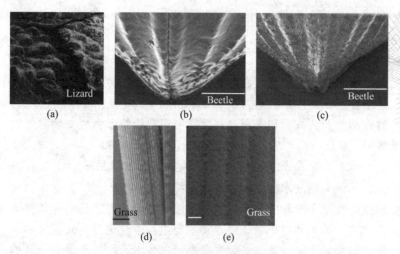

图 18.10 槽形表面结构：(a)蜥蜴不平行的较深的槽；(b)和(c)纳米布沙漠两种甲虫背部平的直槽；(d)和(e)纳米布沙漠两种草的平行槽

材料
力学
趣话

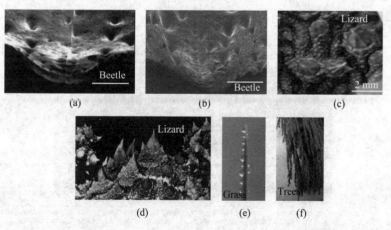

图 18.11 锥形表面结构：(a)和(b)两种纳米布沙漠的甲虫背的锥形凸起；(c)和(d)两种蜥蜴的锥形鳞刺；(e)一种纳米布沙漠的草；(f)红杉针形叶

科学家发现，利于收集空气中湿气的表面结构尺寸在微米和毫米的量级之间，正六角形分布和高渗透叶压力有助于水的收集。

18.8 拦雾网

收集雾露的生物表面结构为人类拦雾蓄水将沙漠变绿洲提供了借鉴。例如加拿大慈善机构 FogQuest 从 20 世纪 90 年代开始，就在南美洲、非洲和亚洲一些发展中国家的偏远乡村安装雾气收集网(图 18.12)[4]，一张 40 平方米的垂直大网每天可以收集 200 公升水，足够一个家庭使用。这种雾气收集网最适合安装在多雾、无污染但缺水的高山地区。这种装置是用多孔的农业塑料网制成，类似于排球网，可以捕捉雾里的水珠，雾水经由收集网流入水槽，然后通过小管子流入蓄水箱里。通过这种方式获得的水非常纯净，无需过滤。该装置将是解决供水不足这个普遍问题的一种有效办法[4]。

图 18.12　雾气收集网

本章我们介绍了关于亲水-疏水表面结构在提高雾水收集效率方面的研究。奇妙的是，人厌槐叶萍同样具有亲水-疏水表面结构，但它是为了固住周身的气膜，使自己浸在水中时不湿身。我们将在下一章介绍。

参考文献

[1] NØRGAARD T, DACKE M. Fog-basking behaviour and water collection efficiency in Namib Desert Darkling beetles[J]. Frontiers in Zoology, 2010, 7(1): 23.

[2] PARKER A R, LAWRENCE C R. Water capture by a desert beetle[J]. Nature, 2001, 414(6859): 33-34.

[3] MALIK F T, CLEMENT R M, GETHIN D T, et al. Nature's moisture harvesters: acomparative review[J]. Bioinspiration & Biomimetics, 2014, 9(3): 031002.

[4] FOGQUEST. http://www.fogquest.org/. 2012.

材料
力学
趣话

§19

Section

亲疏水Ⅱ：人厌槐叶萍"闭"水

摘要　本章介绍人厌槐叶萍水不湿身的奥秘。茸毛末端是亲水死细胞，将水–气界面牢牢粘住，分叉的小茸毛则形成绵密的超疏水网，不让水进入。亲水斑点演绎的是"欲拒先迎"的自然神奇，固住的水–气界面成为气膜的屏障，任远处激流汹涌，界面附近依旧浪静波平。

19.1　从神话到人厌槐叶萍的"闭"水

神话中的仙怪多有所谓的"闭"水神通，例如孙悟空下东海龙宫索取兵器（西游记第三回）时，只见悟空"使一个闭水法，捻着诀，扑的钻入波中，分开水路，径入东洋海底"。在取得如意金箍棒后回花果山时，"跳出波外，身上更无一点水湿"。看来，有了这种神通，在水中就有气护体，可以像在陆地一样自由呼吸。

科学家告诉我们，真有动植物，例如人厌槐叶萍就有这样的"闭"水神通。

人厌槐叶萍（图 19.1）属水生蕨类，生长在富含有机质的淡水水面上。每节茎上有 3 片叶子，其中 2 片漂浮在水上的叶子，

146

可以进行光合作用，1片则变形成根须状沉在水里，可以吸收水中的养分，使水面看起来像绿油油的草地。可她却是一位美女杀手，在高温多阳的热带地区，两天多就可以增加一倍，严实覆盖池塘湖泊，隔绝阳光，隔绝空气交换，让其他水下生物缺光缺氧而死，许多国家曾因其疯长遭受严重灾难。因此用人厌槐叶萍做观赏植物要严加管理。

图 19.1 人厌槐叶萍

将人厌槐叶萍从水中提起，叶面挂的水珠会全部滴落，看不出浸水的痕迹。更准确地说，它在水下根本就没有被真正浸湿，因为叶片表层附着一层冲不走的薄空气膜。

气膜隔水极具技术与经济价值，在船的减阻、长距离管道输送和微流体循环系统的减阻、速干浴衣的制造等技术中有重要应用前景。目前的技术难点是气膜保持的时间。一般情况下，船在行进时，湍流会很快将人工气膜冲走。

那么，人厌槐叶萍叶为什么能在水下长期保有空气膜呢？科学家发现，奥秘在于叶面的超疏水-亲水微结构。我们再一次见证了自然的神奇，雾姥甲虫用翅鞘上的超疏水-亲水微结构收集雾水饮用(参见§18)，人厌槐叶萍则用这种形式的微结构固住气膜隔离水[1]。

19.2 超疏水-亲水表面微结构

§18 讲到，收集雾水的雾姥甲虫翅鞘表面有直径约 0.5 mm，相互距离 0.5~1.5 mm 的随机分布的微型丘陵状凸起。丘陵峰亲水，其余部分超疏水。在人厌槐叶萍叶面，微型丘陵已长高成为长 2 mm 的茸毛。图 19.2 是人厌槐叶萍叶面微结构的逐级放大图。如图 19.2(a)所示，叶面长着稠密的茸毛，茸毛上的水滴呈球形，显示出叶面的超疏水特征(超疏水的概念参见 18.2 节和图 18.4)。经图 19.2(b)放大后，茸毛结构清晰可见，茸毛上部分 4 叉，各叉末端向内弯曲合拢，形成打蛋器形(图 19.3)。图 19.2(c)是茸毛末端的放大图，显示茸毛 4 叉末端的连接处是 4 个萎陷的死细胞。再放大，从图 19.2(d)可以看到，末端死细胞表面光滑，是亲水结构，但茸毛的其余部分和底部的叶面都布满纳米尺度的蜡粒，是超疏水结构。

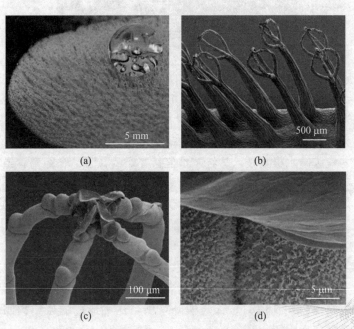

图 19.2　人厌槐叶萍叶面微结构的逐级放大图

图 19.3　日常生活所用的打蛋器

　　科学家将水和甘油的混合液滴在新鲜的人厌槐叶萍叶面，冻结后用低温扫描电镜观察。如图 19.4(a) 所示，单个的液滴结冰

材料
力学
趣话

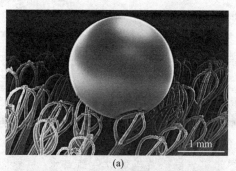

(a)

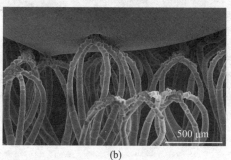

(b)

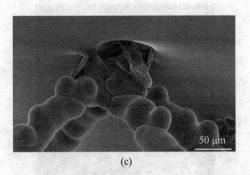

(c)

图 19.4　将水与甘油混合液滴在新鲜人厌槐叶萍叶面，
冻结后的低温扫描电镜照片，从(a)到(c)逐次放大

后呈球形。再逐次放大，如图 19.4(b) 和 (c) 所示，茸毛末端的死细胞节被冻结在冰中，证实末端萎陷的死细胞亲水。

19.3　长期保气机理

　　为了揭示活的人厌槐叶萍叶长时间在水下保气膜的机理，科学家又做了一个实验。在蒸馏水中加入 0.01% 的亚甲基蓝作为染色剂，然后将人厌槐叶萍叶浸入此溶液中。图 19.5(a) 是俯视图，显示亲水的茸毛末端被染色。这样的亲水斑点每平方厘米有 233±29 个，仅占整个表面积的 2.2%±0.9%。图 19.5(b) 是放大的侧视图，显示打蛋器形茸毛像立柱顶着水–气界面，茸毛末端的亲水死细胞将水–气界面牢牢粘住，分叉的小茸毛则形成绵密的超疏水网，不让水进入。科学家再让水以 0.6 米/秒的速度流过，形成湍流。图 19.5(c) 上面黑色区域为流水，下面灰色区域为叶面的气膜，白色线为不同时间的水–气界面。可以看到，在茸毛之间的水–气界面上下起伏。利用显微粒子图像测速技术测得的水–气界面附近的水流速度[图 19.5(d)]显示，被茸毛亲水端固住的水–气界面附近的水流速度接近于零。

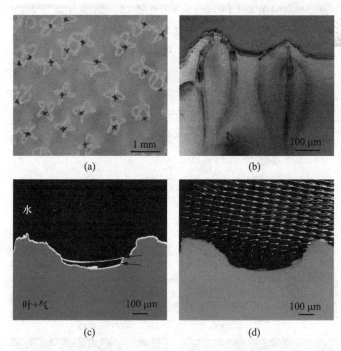

图 19.5　水-气界面特性研究

　　现在，我们明白亲水斑点在封闭住气膜中的关键性作用了。它牢牢锚住水-气界面，使水-气界面的起伏仅限于亲水斑点间的微区域。如果没有这些密密麻麻的锚，水-气界面在水流的作用下可能大面积起伏，气膜上凸起的气团就很容易形成气泡被湍流带走。

　　由于亲水斑点的黏性，水流速度在水-气界面趋近于零。古代兵法策略《三十六计》有"欲擒故纵"之计，亲水斑点演绎的是"欲拒先迎"的自然神奇，固住的水-气界面成为气膜的屏障，任远处激流汹涌，界面附近依旧浪静波平。

　　科学家还做了人厌槐叶萍叶茸毛亲水端固水膜作用的实验。如图 19.6(a)所示，有亲水端的人厌槐叶萍叶茸毛能将水面提高

材料
力学
趣话

0.2 mm。如图 19.6(b)所示，为了作比较，将亲水端涂上疏水的聚四氟乙烯（一种不粘锅的涂料）后，水面就只能提高 0.1 mm了。科学家然后利用图 19.6(c)和(d)说明，由于茸毛弹性变形和亲水端固水膜的共同作用，水-气界面能够上下起伏很大而不破裂。这大大增加了让水-气界面破裂的外力能，使界面更牢固。古语说，峣峣者易折，皎皎者易污。人厌槐叶萍叶柔软的茸毛给这句话做了科学诠释，它用能够随茸毛弹性变形而波动的水-气界面，创造了水泼不进的奇迹。

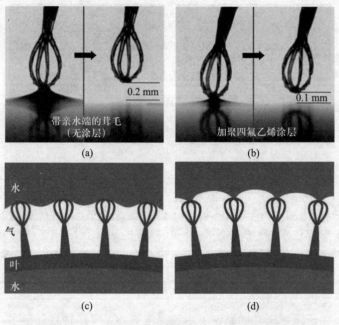

图 19.6 人厌槐叶萍叶用亲水端产生能大幅波动的水-气界面，创造了水泼不进的奇迹

除了人厌槐叶萍外，许多昆虫也具有气膜隔水的功能，如龙虱和仰泳蝽等。类似地，它们的腹部也存在着一层直立的疏水毛。当虫体潜入水中时，毛间可携带一层气膜，可满足其在水中

生活数小时甚至数十小时，从而实现捕食和躲避天敌的目的。

下一章，我们将再介绍一个有趣的现象，光滑疏水表面如果加合适的小脊纹，能够大大减少液滴回跳时间。

参考文献

[1] BALTENMAIER W, SCHIMMEL T, WIERSCH S, et al. The Salvinia paradox: superhydrophobic surfaces with hydrophilic pins for retention under water[J]. Advanced Materials, 2010, 22(21): 2325-2328.

材料
力学
趣话

§20
Section

亲疏水Ⅲ：液滴回跳时间

摘要　本章介绍超疏水表面合适分布的微脊纹能有效缩短水滴回跳的时间。大闪蝶蝴蝶的翅脉和旱金莲叶的叶脉有这样的微脊纹，但被誉为超疏水材料"黄金标准"的荷叶却没有这样凸起的叶脉。这仍然是一个自然之谜。科学家用熔锡滴代替水滴做了减少液体撞击黏附的实验，对解决热喷涂、燃气轮机等高温工作环境的熔融液滴污染问题很有价值。

20.1　从文学到科学

水花溅起是常见的自然现象，文学艺术家从中获得灵感。苏东坡的"惊涛拍岸，卷起千堆雪"为千古风流人物伴奏；元好问的"骤雨过，珍珠乱糁，打遍新荷"一下让我们感受到那妙不可言的盛夏情趣和韵致；徐霞客的"捣珠崩玉，飞沫反涌，如烟雾腾空"道出了中华第一瀑的气势……

在远离外界喧嚣的实验室，科学家也在研究水滴回跳[1]。他们发现，某些昆虫的翅脉和植物的叶脉凸起，能有效缩短雨滴回跳的时间。

154

这项基础研究也有重要的应用前景。

飞机常常要穿越云层，有些云是冻雨云，由温度低于 0 ℃的细水滴组成。细水滴由于没有冻结时必需的冻结核而以液态存在，碰到物体后就会凝结成冰覆盖于其上。飞机覆盖的冰厚了，就可能机毁人亡。冻雨是贵州、湖南、江西、湖北、河南、安徽、江苏等省，以及山东、河北、陕西、甘肃、辽宁等省南部局地的严重灾害性气候。虽然冻雨能创作出妙处横生的冰挂，但它涂抹的厚冰也可能使高架输电线路的电杆成排倒塌，造成大面积停电，还可能压塌建筑物、冻断返青的冬麦、冻伤果树、大面积破坏幼林。

如果能缩短水滴跳起的接触时间，让冻雨在飞机、风力发动机叶片、输电线路等表面凝固成冰之前就跳开，灾害就能减轻甚至消除。此外，缩短接触时间还对保持超疏水表面的干燥与自清洁有重要效果。

20.2 水滴回弹的力学过程与缩短接触时间

首先，让我们跟随高速摄像机的镜头[1]，观看水滴跳起的力学过程。如图 20.1(a)所示，水滴直径 1.33 mm，以 1.2 米/秒的速度撞击超疏水的硅片。硅片表面用肉眼看光滑平整，电子显微镜下却呈现丘陵状微结构(图 20.1(a)左上插图)，这也是它具有超疏水性质的奥秘。图 20.1(a)和(b)分别是水滴撞击跳起的主视(水平观看)和俯视(从顶向下看)同步图像。可以看到，在接触硅片的瞬间，液滴为球形；2.7 毫秒之后，液滴在表面展开成圆形薄膜，然后薄膜回缩聚拢，在 12.4 毫秒时呈竖条状跃起脱离硅片。

如何将 12.4 毫秒的接触时间缩短呢？科学家从图 20.1(b)建立了图 20.1(c)的轴对称收缩模型，并得出回缩时膜外缘向心速度 v 的大小为

$$v = \sqrt{\frac{2\gamma}{\rho h}} \qquad (20.1)$$

式中，γ、ρ 和 h 分别是液-气表面张力、液体的密度和液膜的厚度。收缩过程中膜的中心静止。要缩短回跳的接触时间，需要让中心液体也参与收缩，于是科学家设想了图 20.1(d) 的非轴对称收缩方式。

为了实现图 20.1(d) 的收缩方式，科学家设想可以加图 20.1(e) 箭头所指的脊纹，脊纹的高度与液膜的厚度 h 接近，但小于 h。由于脊纹上水膜薄，收缩快，很快就将水膜撕开，使中心液体也能助力收缩。

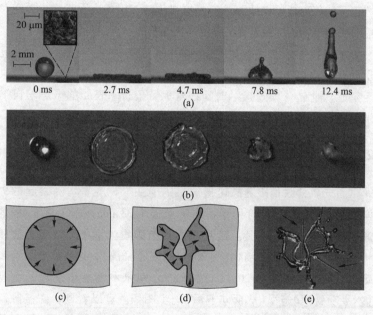

图 20.1 水滴在硅片表面的回跳过程与加快回跳的设计

实际实验如图 20.2 所示。在图 20.2(a) 左的硅片未加脊纹，水膜成轴对称收缩。在图 20.2(a) 右的硅片加了平行脊纹（图 20.2(b) 是脊纹微结构的逐级放大图），水膜沿脊纹更快收缩，将液滴分成两滴。图 20.2(c) 和 (d) 分别是水滴撞击脊纹跳起过程的主视和俯视同步图像。实验显示，硅片加上脊纹后，接触时间由 12.4 毫秒缩短到 7.8 毫秒，缩短了 37%。

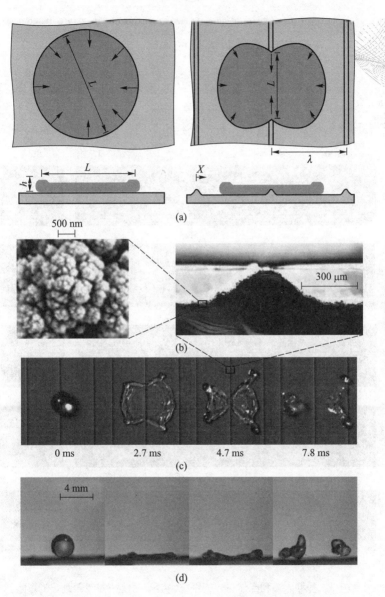

图 20.2 在加脊纹的硅片上，水滴水膜收缩时分裂，接触时间缩短

20.3 人造与自然材料的脊纹

图 20.3 是 5 种超疏水材料的水滴跳起的俯视图。图 20.3（a）和（b）分别是三氧化二铝和氧化铜，右图是电子显微镜下的表面微结构。可以看到，虽然微结构不同，加脊纹对水滴缩回运

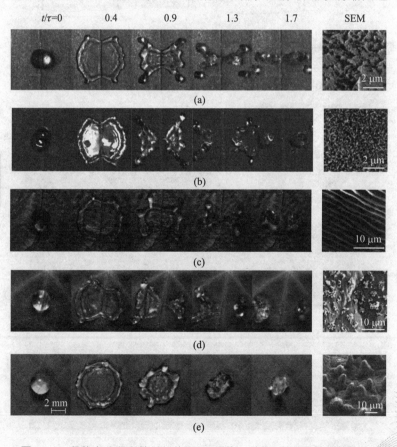

图 20.3 多种人造和自然材料的脊纹（翅脉、叶脉）对液滴跳起的影响。
其中，为了方便比较 t/τ 为无量纲处理后的时间

动的影响与硅片脊纹的影响完全相同，都是脊纹上收缩快，使水滴裂开成两部分，加速跳起。最奇特的是，图 20.3(c) 大闪蝶蝴蝶的翅脉和图 20.3(d) 旱金莲叶的叶脉竟然在尺寸上与上述人造材料脊纹相近，对水滴跳起运动的影响也相同。翅脉与叶脉这一新发现的功能非常有趣。我们知道，生物材料的结构特点是围绕它生长需要的全局优化，一个结构往往有多种功能，是不是我们又发现了翅脉和叶脉的一个隐秘功能？但是我们很快就有疑问了，被誉为超疏水材料"黄金标准"的荷叶却没有这样凸起的叶脉[图 20.3(e)]，水滴在上面仍然以轴对称的形状缩回跳起。大闪蝶蝴蝶翅脉和旱金莲叶脉的这种性质究竟纯属巧合，还是蕴含深层次的科学原理？问题还有待我们去研究。

图 20.4 是大闪蝶蝴蝶翅脉和旱金莲叶脉的逐级放大图，可以看到它们的微结构完全不同，但是翅脉和叶脉在减少液滴回跳时间的作用完全一样。

材料·力学趣话

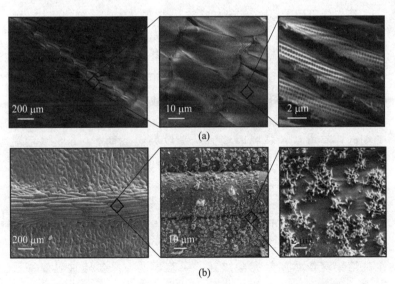

图 20.4　大闪蝶蝴蝶翅脉(a)和旱金莲叶脉(b)的逐级放大图

20.4 减少液体撞击黏附的实验

回到 20.1 节列举的冻雨黏附凝冰的灾害问题,缩短回弹接触时间能不能有效防灾或减灾呢? 科学家做了实验。由于水滴凝冰变迁不易在实验室完成,科学家改用熔锡滴代替水滴做实验,这个实验本身对解决热喷涂、燃气轮机等高温工作环境的熔融液滴污染问题很有意义。

研究表明,球形液滴回跳的接触时间为

$$t_c \approx \sqrt{\frac{\rho R^3}{\gamma}} \qquad (20.2)$$

式中,ρ、γ 和 R 分别是液滴的密度、液-气表面张力和液滴的半径。水与锡的 ρ/γ 很接近,回跳接触时间也接近,这样的实验结果具有可比性。

撞击板仍用图 20.1 的未加脊纹和图 20.2 的加脊纹的硅片,硅片被嵌在铜板中,铜板内布有电热管,硅片与铜板的缝隙由高热导率材料充填以准确控温。为防止熔融锡滴氧化,实验箱抽真空。

锡的熔点 232 ℃,将熔锡加温到 250 ℃,让半径 1.25 mm 的熔锡滴以 1.3 米/秒的速度撞击硅片。图 20.5 是熔锡滴跳起过程的主视图,硅片温度 150 ℃。上图硅片无脊纹,11.9 毫秒跳起;下图硅片有脊纹,锡膜收缩时丛脊纹处裂成两半,6.8 毫秒跳起,与水滴跳起的现象相似。实验表明,只要硅片温度高于 125 ℃,无论硅片有无脊纹,熔锡滴都完全跳起,不会在硅片上留下残凝物。

当硅片温度为 125 ℃ 时,从图 20.6 上图看到,无脊纹的硅片上已有部分熔锡凝固粘附,而从图 20.6 下图,有脊纹的硅片上的熔锡滴依然如常完全跳起。实验表明,只要硅片温度高于 50 ℃,熔锡滴就不会在有脊纹硅片表面凝固黏附,脊纹的抗凝固黏附效果是很明显的。

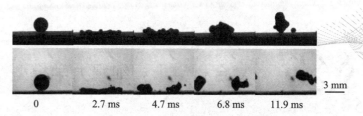

图 20.5　熔锡滴撞击硅片的主视图，硅片温度 150 ℃，
上图无脊纹，下图有脊纹

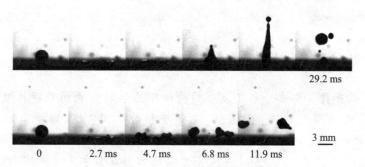

图 20.6　熔锡滴撞击硅片的主视图，硅片温度 125 ℃，
上图硅片无脊纹，下图硅片有脊纹

下几章，我们将介绍人类在复合材料力学研究中的几项成果。

参考文献

[1]　BIRD J C, DHIMAN R, KWON H-M, et al. Reducing the
contact time of a bouncing drop [J]. Nature, 2013, 503
(7476)：385-388.

材料
力学
趣话

§21

Section

复合材料 I：细观力学模型

摘要 本章介绍了复合材料细观力学的并联和串联模型、稀疏模型、自洽模型、广义自洽模型、周期模型和 Mori-Tanaka 法。不同学科对应的许多细观物理模型是不同科学家独立提出和命名的，后来学者们才发现它们在数学本质规律上的惊人一致。认识到这样的对应关系，不仅使我们欣赏到妙不可言的自然规律相似之美，也有助于我们迅速从熟悉的学科进入新的学科领域。

材料是人类文明的物质基础，从旧石器时代、新石器时代、青铜器时代、铁器时代，到有学者称之为合成材料与智能材料时代的今天，每一次材料技术的突破都推动了科学技术的划时代进展。复合材料是由两种或两种以上的材料(组分材料)制造的合成材料。它的有效性质即宏观等效性质常常优于它的任何组分材料，甚至具有任何组分材料都没有的新性质。

细观力学是固体力学的分支，用连续介质力学方法分析具有细观结构(即在光学或常规电子显微镜下可见的材料细微结构)的材料的力学问题。细观力学可以用于预报复合材料的有效性质

材料
力学
趣话

和设计新型复合材料。下面从最简单的细观力学模型——串联与并联模型谈起。

21.1 复合材料的并联和串联模型

复合材料的并联与串联细观力学模型如图 21.1 所示，两种细观材料片条交替平行粘结，片条长度方向平行于外力时为并联模型，垂直于外力时为串联模型。设每个组分材料都服从胡克定律，即变形与外力成正比：

$$\sigma = E\varepsilon \qquad (21.1)$$

式中，正应力 σ 是单位面积分布的拉（或压）内力；正应变 ε 是单位长度的伸长（或缩短）率；弹性模量 E 是一个材料的力学常数。显然，如果两种材料的弹性模量不同，在复合材料内部 σ 和 ε 不会均匀。将复合材料在宏观上视为一个等效的均匀材料，σ 和 ε 取它们的平均值 $\bar{\sigma}$，$\bar{\varepsilon}$，式（21.1）变为

$$\bar{\sigma} = E_e \bar{\varepsilon} \qquad (21.2)$$

式中，E_e 是复合材料的有效弹性模量。设图 21.1 中黑白两种颜色的片条分别代表两种均匀材料，弹性模量分别为 E_1 和 E_2，体积分数（其在复合材料中所占的体积比例）分别为 λ_1 和 λ_2（$\lambda_1 + \lambda_2 = 1$）。图 21.1（a）的模型沿力的方向变形相同，从而正应变相等，即 $\varepsilon_1 = \varepsilon_2 = \varepsilon$。根据式（21.1），正应力分别为 $\sigma_1 = E_1\varepsilon$，$\sigma_2 = E_2\varepsilon$，则平均应力 $\bar{\sigma} = \lambda_1 E_1 \varepsilon + \lambda_2 E_2 \varepsilon$，代入式（21.2）得到并联模型的有效弹模量 E_e：

$$E_e = \lambda_1 E_1 + \lambda_2 E_2 \qquad (21.3)$$

根据平衡条件，图 21.1（b）的串联模型内部的正应力相同，即 $\sigma_1 = \sigma_2 = \sigma$，内部的正应变不相等，可算出平均应变 $\bar{\varepsilon} = \lambda_1 \dfrac{\sigma}{E_1} + \lambda_2 \dfrac{\sigma}{E_2}$，代入式（21.2）得到串联模型的有效弹模量 E_e：

$$\frac{1}{E_e} = \lambda_1 \frac{1}{E_1} + \lambda_2 \frac{1}{E_2} \qquad (21.4)$$

材料
力学
趣话

式(21.3)和式(21.4)显示并联与串联模型的有效弹性模量相差很大。

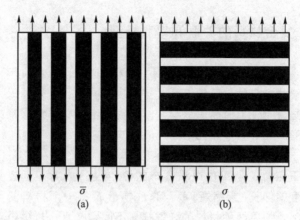

图 21.1　复合材料的细观力学模型：（a）并联模型；
（b）串联模型。模型在厚度方向，即垂直于纸面的方向不变化

　　从并联与串联模型这两个名词就可以想到，细观力学与电学的规律关联。设图 21.1 两种材料的电导率不同。如图 21.2 所示，将图 21.1(a)的并联模型接入并联电路，可以发现，有效电导率与有效弹性模量公式在数学上完全相同，只是将式(21.3)中的弹性模量符号换为电导率符号。同样地，将图 21.1(b)的串联模型接入电路，也可发现有效电导率公式与式(21.4)在数学上相同。

　　进一步，我们能够发现，式(21.3)和式(21.4)同样可以用于其他细观物理模型，计算有效热导率、有效热膨胀系数等。历史上，许多不同学科对应的细观物理模型是不同科学家独立提出和命名的，后来学者们才发现它们在数学本质规律上的惊人一致。在以学科融合或交叉为重要特征的今天，认识到这样的对应关系，不仅使我们欣赏到妙不可言的自然规律相似之美，也有助于我们迅速从熟悉的学科进入新的学科领域。

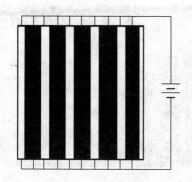

图 21.2 将材料的并联模型接入电路

物理现象之间不仅有对应规律，还有耦合关系，即一种物理现象引起另一种或多种物理现象。这使得材料的复合可能产生神奇的乘积效应——创造新的材料性质，例如自然界所没有的电磁材料，我们将在 §23 介绍。

21.2 增强相/基体的细观力学模型

很多工程复合材料都是由连续的基体材料和离散的增强材料组成的。图 21.3 是一种单向纤维/基体复合材料的横截面。基体软能增韧，纤维（增强相）硬能增强，二者优良性质互补。可以证明，21.1 节由并联和串联模型推导的有效弹性模量分别是这类复合材料有效弹性模量的上下界。

为了计算这类复合材料的有效模量，学者们提出了多种细观力学模型。

1）稀疏模型。如图 21.4 所示，该模型假设纤维埋在无限大基体之内，即认为纤维之间的相互影响可以忽略。稀疏模型简单，但是由于忽略了纤维的相互影响，会低估复合材料的有效性质。

2）自洽模型。针对稀疏模型的缺点，有学者提出了自洽模

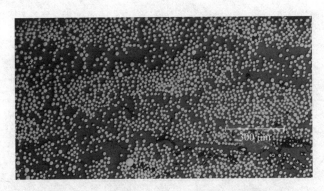

图 21.3　一种单向纤维/基体复合材料的横截面

型。该模型假设纤维埋在无限大等效复合材料之内（图 21.4）。由于等效复合材料已经考虑了纤维的相互影响，因此，自洽模型实际上重复考虑了这种相互影响，从而又走向另一端，会高估复合材料的有效性质。

　　3）广义自洽模型。在稀疏与自洽模型的基础上，有学者提出了广义自洽模型（图 21.5）。该模型假设纤维埋在一个基体环壳内，进而又埋在等效的复合材料内，其中代表单元的纤维与基体环壳的体积比等于整个复合材料的纤维与基体的体积比。广义自洽模型有较好的精度。

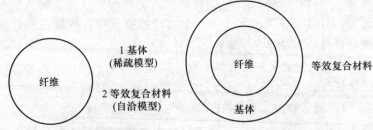

图 21.4　稀疏模型将夹杂位于无限基体中，自洽模型将夹杂位于等效复合材料中

图 21.5　广义自洽模型

4）Mori-Tanaka 法。自洽模型和广义自洽模型从考虑纤维的相互影响方面改进稀疏模型，Mori 和 Tanaka 则从考虑应力分布方面来改进稀疏模型，他们假设稀疏模型远场受的载荷不是复合材料受的载荷，而是基体部分受的载荷。Mori–Tanaka 法获得了与广义自洽模型接近的精度。

5）周期模型。许多先进复合材料具有近似周期的微结构，利用电磁振荡等技术，我们能够制造微结构接近严格周期分布的复合材料。周期微结构模型的研究有非常重要的意义。

图 21.6 是一个双周期纤维复合材料模型的横截面。可以看到，它的基本胞元是一个平行四边形，两条相邻边代表两个方向的周期，加上夹角，就完全说明了纤维的分布状态。当两个方向的周期相等，夹角为 60° 时，纤维为正六角形阵列；夹角为 90° 时，纤维为正方形阵列。这两种纤维阵列的复合材料的有效性质

材料
力学
趣话

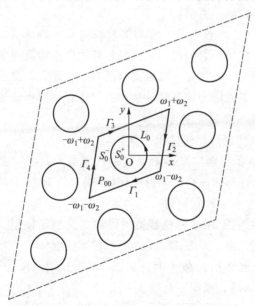

图 21.6　双周期纤维复合材料模型的横截面

都是横观各向同性的，但正方形阵列比正六角形阵列的横观有效弹性模量大。当夹角既不为 60°，也不为 90°时，复合材料的横观有效性质变为各向异性。

有趣的是，广义自洽模型所得的结果非常接近正六角形纤维阵列的结果，只比后者略小一点。可以这样解释，广义自洽模型代表纤维理想均匀分布的情形，而正六角形纤维阵列的分布接近理想均匀分布。

21.3 "光滑墙"与"多孔筛"

作者曾听一位访问归国的学者谈体会：以前受的教育属完美型，书本上的理论知识是金科玉律，如果以墙为喻，墙光滑无缝，无需填补，总是觉得没有问题研究。出访的最大收获是墙仿佛变成了筛，到处需填。

"筛孔"之喻很有趣。我国的教育自有基础扎实之优势，但学生发现和提出问题的能力以及创新能力还待提高也是一个不争的事实。研究生在读完一大堆文献后常常会说，自己的研究还是无从入手。下面结合自己和研究生的工作，作者也谈谈关于"光滑墙"和"多孔筛"的体会。

（1）从模型形状变化找"筛孔"

图 21.5 的经典广义自洽模型的纤维截面是圆，实际纤维截面可能是其他形状。椭圆的形状比（短轴与长轴之比）可以从 0 到 1 变化，0 对应于片状纤维，1 对应于圆纤维。有学者将图 21.5 的模型发展为图 21.7 的椭圆截面纤维广义自洽模型，其基体环的外边界仍为圆。如图 21.7（a）所示，当纤维体积分数小时，模型合理；但当体积分数大时，如图 21.7（b）所示，纤维截面将"刺破"基体环，模型不合理。

针对图 21.7 模型的不足，有学者提出了共形状比椭圆模型（图 21.8），即假设基体环内外椭圆形状比相等，克服了纤

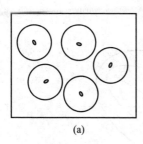 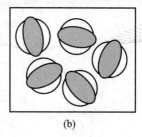

(a)　　　　　　　　(b)

图 21.7　椭圆截面纤维广义自洽模型，其基体环的外边界仍为圆

维截面"刺破"基体环的缺陷，但是从图 21.8 可看出，当形状比小时，环内的基体会集中于纤维截面的突出端，仍有改进的空间。

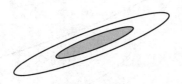

图 21.8　共形状比椭圆模型

　　我们感到移去图 21.8 两端过多的基体就是一个值得填的"筛孔"，于是提出了图 21.9 的共焦点椭圆模型[1,2]，即基体环内外椭圆共焦点 O_1 和 O_2。将研究论文投稿后，匿名评审人很感兴趣，并指出基体环的外边界椭圆（记形状比为 γ_2）的物理意义是周围纤维的分布函数。当纤维体积分数（记为 λ）很小时，周围纤维远离，分布函数受纤维形状影响小，接近于圆，即 γ_2 趋于 1；而当 λ 较大时，周围纤维趋近，γ_2 趋近于纤维截面形状比 γ_1。我们发现共焦点椭圆模型的确满足这个条件，于是补充了图 21.10，使研究完善了一步。另外，物理上的合理性还带来数学上的简单漂亮，利用共形映照技术可以获得解析解，包括封闭形式解[1]，与一些实验结果对照很好。后来，有国外的其他学者也采用共焦点椭圆模型进行过研究。

材料
力学
趣话

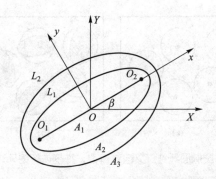

图 21.9　共焦点椭圆模型

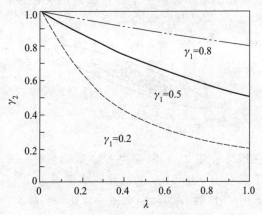

图 21.10　对于不同的纤维截面形状比 γ_1，周围纤维的
分布椭圆形状比 γ_2 随纤维体积分数 λ 的变化

（2）分析方法的"筛孔"

对于图 21.6 的问题，有学者提出了一个非常漂亮的复变函数方法，但是这个方法只适用于纤维与基体为同一材料、形状有小的初始不匹配的情形。实际复合材料的纤维和基体是不同材料，如果能将这个数学方法推广到这种情形就很有意义了，自然是一个很有价值的分析方法的"筛孔"。

发展新的数学方法填"孔"当然好，但失败了。正面强攻不行，我们就侧面包抄，利用力学变换，化为数学上可解的问题。我们用的是等效夹杂法，即均匀材料中一个弹性模量不同的夹杂所引起应力场的扰动，可以等效为没有夹杂的均匀材料在对应的夹杂位置有一个初始本征应变(初始形状不匹配)。于是问题迎刃而解[3,4]。匿名评审人对这个方法很感兴趣，认为是解双周期复合材料问题的一个很有价值的新方法。

上面介绍的细观力学模型，或者对增强相的随机分布，仅考虑其统计平均效应，或者研究周期分布，而丢失了随机分布的一个重要的性质突变现象，我们将在下一章介绍该现象。

参考文献

[1] JIANG C P, CHEUNG Y K. A fiber/matrix/composite model with a combined confocal elliptical cylinder unit cell for predicting the effective longitudinal shear modulus[J]. International Journal of Solids and Structures, 1998, 35(30): 3977-3987.

[2] JIANG C P, TONG Z H, CHEUNG Y K. A generalized self-consistent method accounting for fiber section shape[J]. International Journal of Solids and Structures, 2003, 40(10): 2589-2609.

[3] JIANG C P, XU Y L, CHEUNG Y K, et al. A rigorous analytical method for doubly periodic cylindrical inclusions under longitudinal shear and its application[J]. Mechanics of Materials, 2004, 36(3): 225-237.

[4] XU Y L, LO S H, JIANG C P, et al. Electroelastic behavior of doubly periodic piezoelectric fiber composites under antiplane shear[J]. International Journal of Solids and Structures, 2007, 44(3-4): 976-995.

材料
力学
趣话

§22 复合材料 II：随机中的突变

§22

Section

材料
力学
趣话

摘要　本章介绍随机引起的复合材料有效性质的突变现象，以及复合材料随机胞元模型。当高热导率的离散相的体积分数达到某个值时，突然出现热通道，有效热导率突变。

许多自然与社会现象表观随机无序，却有确定的规律，无序系统的性质剧变或突变现象更是有趣的重要科学研究课题，例如绝缘体在其导电颗粒的浓度达到某个值时突然导电，多孔材料在其孔隙率达到某个值时突然导流，孤立的传染病感染人数达到某个值时突然大爆发流行，形成公共卫生灾难……

我们先看随机投掷求圆周率的实验，然后介绍随机引起的复合材料有效性质的剧变现象。

22.1　随机实验求圆周率

曾经有科学家利用随机投掷实验求圆周率 π。如图 22.1 所示，在平面上画间距为 d 的平行线，随机投掷一个直径为 d 的细圆环，圆环可能与一条线相交，有两个交点，也可能与两条线相切，也是两个交点。投掷 n 次，共 $2n$ 个交点。如果改用长 d 的细针随机投掷，则可能没有交点，也可能有交点。我们知道，细针的长度是圆周长的 $1/\pi$，如果投掷 n 次，总交点数按概率计算为 $2n/\pi$ 个。因此，将投掷细针的次数除以总交点数再乘 2，就得到圆周率 π 的近似值。据说这位科学家共投了数万次，得到了 π 的相当精确的数值。有兴趣的读者不妨一试。

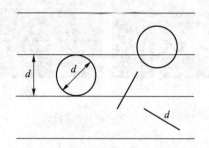

图 22.1 利用随机投掷实验求圆周率 π

上述实验显示了随机分析的应用价值。在现代计算中，像随机有限元法、蒙特卡洛模拟等不仅较好地解决了多重积分计算、微分方程求解、积分方程求解、特征值计算和非线性方程组求解等高难度和复杂的数学计算问题，而且在统计物理、核物理、真空技术、系统科学、信息科学、公用事业、地质、医学、可靠性及计算机科学等多个领域得到成功应用。

22.2 随机胞元模型

回到对单向纤维复合材料有效性质的研究。如图 22.2(a) 所示，纤维具有随机分布性质，参考图 22.3 建立随机胞元模型[1]：① 将面积为 A 的正方形区域划分成 $m \times m$ 个小方格，使小方格（单胞）的边长等于纤维直径（实际纤维的平均直径）；② 从 1 到 $m \times m$ 对小方格编号，根据纤维体积分数计算出纤维的数目 p；③ 从 1 到 $m \times m$ 中选取 p 个随机数（数学家已经给出了这样的随机数列表），然后将 p 个纤维（截面）放入 p 个随机选定的小方格。图 22.2(b) 是按上述步骤生成的一个随机胞元模型。

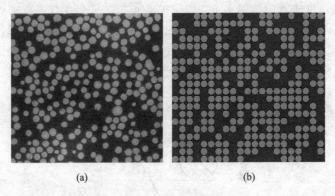

(a)   (b)

图 22.2 （a）一个实际纤维增强复合材料横截面；（b）一个随机胞元模型

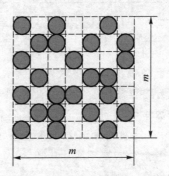

图 22.3 随机胞元模型的生成

从 §21 知道，复合材料的有效纵向剪切模量、有效热导率、有效电导率等有效物理性质的计算在数学上完全相同。热导率在物理上较直观，下面就以有效热导率的预报为例进行介绍。

图 22.2(b) 的随机胞元模型是横观各向同性的，有效热导率 k_e 可由下式计算：

$$\bar{q} = -k_e \bar{H} \tag{22.1}$$

式中，$\bar{q}$ 是平均热流密度；$\bar{H}$ 是平均温度梯度。可以看到，式（22.1）与 §21 式（21.2）在数学上对应，其中 $\bar{q}-k_e$，$\bar{H}$ 分别与 $\bar{\sigma}$，E_e，$\bar{\varepsilon}$ 对应。

22.3 模型的数值检验

为了检验随机胞元模型，取数值算例[1]：复合材料基体热导率 $k_m = 1 \text{ W} \cdot (\text{m} \cdot \text{K})^{-1}$，纤维与基体热导率之比 $k_f/k_m = 100$，纤维体积分数 $\lambda = 0.6$。采用双周期边界条件，利用式（22.1）进行数值预报。

为考察随机胞元模型大小的影响，模型的胞元数目分别取 $m \times m = 5 \times 5$，10×10，$\cdots$，30×30（图 22.3），对于每个胞元数目，都随机生成 20 种纤维分布。无量纲有效热导率 k_e/k_m 的预测结果如图 22.4 所示，图中虚线是 20 个随机结果的最大值和最小值，实线是平均值。

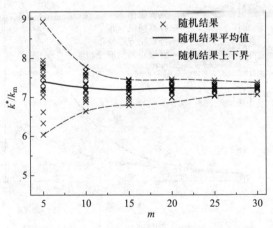

图 22.4 无量纲有效热导率 k_e/k_m 的分散度随胞元数目（$m \times m$）的变化。对于每个胞元数目，都随机生成 20 种纤维分布

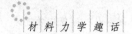

从图 22.4 可以看出，随着模型的增大，有效热导率数据分散性越来越小，与实际复合材料的测量结果一致。从数值计算还可发现，采用多个小随机胞元模型然后取平均值的预报与采用一个大随机胞元模型的预报相比，计算效率和精度更高。

22.4 性质突变现象及形成原因

考虑一种实际复合材料氧化铝陶瓷纤维[热导率 27 W·$(m·K)^{-1}$]/聚酰亚胺[0.146 W·$(m·K)^{-1}$]，随机胞元模型和其他细观力学模型预报的有效热导率随纤维体积分数的变化及与实验结果[2]的对照如图 22.5 所示。可以看出，随机胞元模型的预报与实验结果吻合很好。实验数据显示，在纤维体积分数 $\lambda = 0.3 \sim 0.4$ 时，有效热导率出现突变。随机胞元模型对有效热导率的预报反映这个区间的快速变化，但不如实验结果那样变化剧烈，而细观力学模型无法反映这种剧烈或快速的变化。

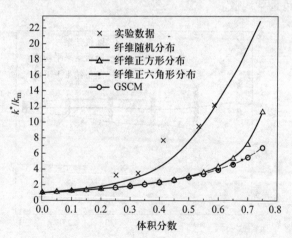

图 22.5 不同模型预报的无量纲有效热导率随
纤维体积分数的变化及与实验数据的对照

有效热导率在 $\lambda = 0.3 \sim 0.4$ 剧变的原因可以由图 22.6 形象说明。设热流沿竖直方向，如图 22.6(a) 所示，当纤维体积分数 λ 较小时，高热导率纤维基本上可以看作孤立分布，复合材料的有效热导率由基体主导，仅随纤维体积分数的增加而慢慢增加；如图 22.6(b) 所示，当纤维体积分数 λ 达到 30% ~ 40% 时，可以明显看到随机分布的高热导率纤维在竖直方向形成热流通道(纤维通道由深色标记)，从而导致复合材料的有效热导率剧烈变化。

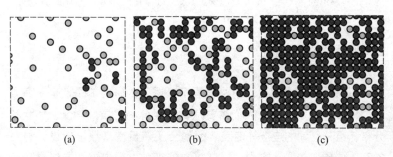

图 22.6 纤维形成竖直方向的热流通道(纤维通道由深色标记)：
(a) $\lambda = 10\%$；(b) $\lambda = 30\%$；(c) $\lambda = 60\%$

图 22.5 随机胞元模型预报的变化没有实验结果那样大，这是因为随机胞元模型做了简化假设，纤维被限制在方形胞元格内，且被假设为等截面圆形。

为什么其他细观力学模型完全不能反映有效热导率的这种突变(图 22.5)呢？如图 22.7 所示，广义自洽模型、纤维正六角形和正方形阵列分布模型在纤维的均匀化分布假设中，都假设包围纤维的基体随纤维体积分数增加均匀变薄，从而排除了在随机分布中必然出现的通道联通，因此低估了有效性质并丢失了有效性质突变的现象。图 22.7 还显示，广义自洽模型、纤维正六角形和正方形阵列分布模型的相邻纤维的最小距离依次变小，因此其有效热导率应依次变大，计算证实了这一点[1]。

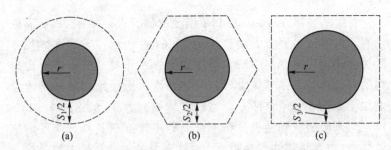

图 22.7　三种细观力学模型：（a)广义自洽模型；
（b)纤维正六角形阵列分布模型；(c)纤维正方形阵列分布模型

22.5　模拟的挑战

从细观结构出发设计新材料显示了诱人的研究前景，也对有效性质模拟提出了挑战。人们需要从材料组分的性质、含量、形状和分布、组分之间的连接等诸因素的耦合及随机性来预报新设计材料的有效性质。在这一方面，以往简单的细观力学模型和方法只有有限的应用价值，各种计算机模拟程序已经发展，并试图提取影响材料性质的关键参数。图 22.8 是计算机设计的多孔材料[3]，其中白色代表固体，黑色代表孔隙。固体在不同方向生长的概率可调，图 22.8(b)在水平方向生长的概率更大，因此呈更强的各向异性。

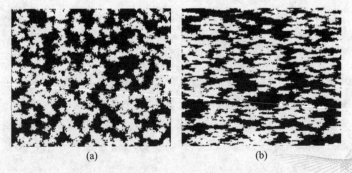

图 22.8　计算机设计的多孔材料，其中白色代表固体，黑色代表孔隙

参考文献

[1]　康博奇，严鹏，蒋持平．预报纤维增强复合材料有效热导率的随机微结构胞元模型[J]．复合材料学报，2012，29（5）：140-145.

[2]　ZHANG H M, ONN D G, BOLT O D. Ceramic fiber composites for electronic packaging: thermal transport properties. 1989, 167: 187-192.

[3]　WANG M, PAN N. Predictions of effective physical properties of complex multiphase materials[J]. Materials Science and Engineering R, 2008, 63(1): 1-30.

材料
力学
趣话

复合材料Ⅲ：乘积与放大效应

摘要 本章介绍两个有趣的材料复合效应，一个是乘积效应，产生组分材料所没有的新性质；另一个是放大效应，将组分材料的某一性质放大。它们为新材料的研制开辟了新的途径。

从 §21 和 §22 知道，复合材料的有效性质不是组分材料性质的简单算术平均，而是与组分材料的配比（各组分体积分数）、形状、相对分布等诸微结构参数相关，在随机分布的情形还有性质突变的逾渗现象。现在介绍两个有趣的材料复合效应，一个是乘积效应，可以称之为无中生有，即 0+0>0，产生组分材料所没有的新性质；另一个是放大效应，即 1+0>1，将组分材料的某一性质放大。

23.1 乘积效应

磁电材料（magnetoelectric material）可以在外加磁场下产生电极化效应，在外加电场下会磁化，在无线电、光电、微波电子的磁-电传感器以及换能器等方面有着广泛的应用前景。自然界虽然存在磁电材料，但其磁电效应太弱以致没有太大实用价值。1972 年，科学家[1]提出压电、磁致伸缩材料复合可能能够产生一种人造电磁材料，2 年后根据这个原理制备的 $BaTiO_3$-$CoFe_2O_4$ 磁电复合材料[2]问世，其磁电效应系数比磁电效应最好的传统单相材料 Cr_2O_3 高近百倍。这是科学理论指导实践，研制新材料的又一个成功范例。作为简化的原理解释，有学者写出了下式：

$$\frac{磁场}{应变} \times \frac{应变}{电极化} = \frac{磁场}{电极化} \tag{23.1}$$

可见，复合材料能够产生各组分材料都没有的磁电效应，我们与其用 0+0>0，不如用传递关系 A(磁场) $\Rightarrow$ B(应变) $\Rightarrow$ C(电极化)来形容更贴切准确，磁场使磁致伸缩组分材料产生应变，应变通过材料的复合传递到压电组分材料，使压电组分材料电极化。

图 23.1[3]是广义自洽细观力学模型预报的 $BaTiO_3$-$CoFe_2O_4$ 磁电纤维复合材料的磁电效应系数 α_3^3。从实线可以看到，当纤维 $BaTiO_3$ 体积分数 $\lambda=0$，即在单相材料 $CoFe_2O_4$ 的情形，α_3^3 等于零；随着 $BaTiO_3$ 体积分数 λ 的增加，α_3^3 首先连续增加，达到最大值后开始连续减少；在 $\lambda=1$，即在单相材料 $BaTiO_3$ 的情形，α_3^3 又回归于零。如果 $CoFe_2O_4$ 为纤维材料，$BaTiO_3$ 为基体材料，则 α_3^3 随 λ 的变化如虚线所示。进一步研究显示，α_3^3 值不仅与材料两相材料性质和体积分数有关，还与微结构几何和拓扑有关，串并联微结构模型、正方形、正六角形和随机或其他微结构模型都会得出不同的 α_3^3 值，这是复合材料微结构设计的任务。

式(23.1)的复合材料乘积效应或者说传递效应的发现和应用是材料科学与工程的一个重要创新，很快被推广到电磁热光的各种耦合关系，于是，一大批自然界原本不存在的新型功能复合材料被开发出来，如表 23.1 所示。

材料
力学
趣话

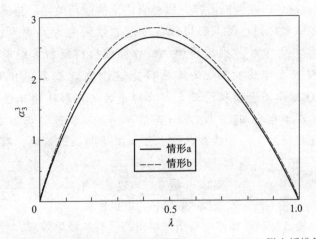

图 23.1 广义自洽细观力学模型预报的 $BaTiO_3-CoFe_2O_4$ 磁电纤维复合材料的磁电效应系数 α_3^3 随纤维体积分数 λ 的变化。在情形 a，$BaTiO_3$ 为纤维相，$CoFe_2O_4$ 为基体相；在情形 b，$CoFe_2O_4$ 为纤维相，$BaTiO_3$ 为基体相

表 23.1 几种复合材料的乘积效应

第一相性能	第二相性能	耦合性能
磁致伸缩	压电效应	磁电效应
霍尔效应	电导	磁阻效应
光电导	电致伸缩	光致伸缩
热膨胀	压电效应	热释电效应
热膨胀	电导	热敏效应

23.2 放大效应

复合材料还能将组分材料的功能放大。例如，将带弹性涂层的压电杆作为传感材料铺设在另一种弹性材料中，在纵向切应力 τ_{23}^0 的作用下，压电传感材料的电场 E_2^I 与传感材料的压电系数 e_{15}^I

呈现有趣的非单调关系，如图 23.2[4] 所示。当压电杆涂层外径
与内径之比 $\gamma=1$，即无涂层时，纵向切应力 τ_{23}^0 引起的电场 E_2^I 与
压电系数 e_{15}^I 的关系为

$$E_2^I = -\frac{2e_{15}^I \tau_{23}^0}{(C_{44}^M + C_{44}^I)\, d_{11}^I + (e_{15}^I)^2} \qquad (23.2)$$

式中，C_{44}^M，C_{44}^I 分别是基体和压电杆的纵向剪切模量；d_{11}^I 是压电
杆的介电模量。如果不熟悉这个领域，就不必深究式（23.2），
但是从该式可以看到，复合材料的单个综合有效性质与组分材料
诸性质有复杂的函数关系。

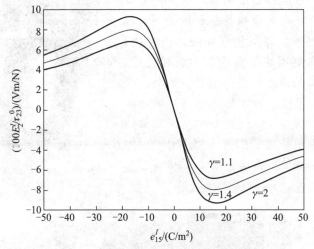

图 23.2　纵向切应力 τ_{23}^0 引起的电场 E_2^I 与压电系数 e_{15}^I 呈非单调关系

23.3　应用

　　利用复合材料的乘积效应和放大效应制造的复合材料已经得
到重要应用并有更广阔的应用前景。例如，图 23.3 是利用磁电
材料制造的集能器，可以用来为微电子系统供能。

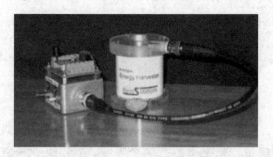

图 23.3　磁电材料集能器

　　热释电复合材料最常见的应用是红外探测器。战争电影中经
常出现夜间作战的场景，战士们需佩
戴夜视仪来观察夜晚的战场情况，夜
视仪就是依靠探测红外线来成像的。
红外探测器在工业设备检测和监控、
疾病早期诊断和医疗监控、消防、森
林火灾预警、仓库和重要物资的夜间
监控和保卫、执法缉毒等领域具有广
阔的应用前景与巨大的市场潜力。图
23.4 是手持式红外探测器，图 23.5 是
电路板在红外探测器下的图像。

图 23.4　手持式红外探测器

图 23.5　红外探测器观测到的电路板图像

参考文献

[1] VAN SUCHTELEN J. Product properties: a new application of composite materials[J]. Philips Research Reports, 1972, 27: 28-37.

[2] VAN RUN A M J G, TERRELL D R, SCHOLING J H. An in situ grown cutectic magnetoelectric composite materials. Part 2: physical properties[J]. Journal of Materials Science, 1974, 9 (10): 1705-1709.

[3] TONG Z H, LO S H, JIANG C P, et al. An exact solution for the three - phase thermo - electro - magneto - elastic cylinder model and its application to piezoelectric - magnetic fiber composites [J]. International Journal of Solids and Structures, 2008, 45(20): 5205-5219.

[4] JIANG C P, CHEUNG Y K. An exact solution for the three - phase piezoelectric cylinder model under antiplane shear and its application to piezoelectric composites[J]. International Journal of Solids and Structures, 2001, 38(28-29): 4777-4796.

材料
力学
趣话

折纸 I：从玩到科学

摘要 本章介绍人类精湛复杂的折纸艺术、自然简约神妙的折纸技艺和受自然启示而发明的三浦折纸法。

孩子们喜欢折纸，在玩耍中增长了知识，培养了动手能力和想象力。许多成年人也喜欢折纸，因为它有智力挑战性，又散发独特的艺术芬芳。下面从一款折纸游戏开始。

24.1 人类精湛复杂的折纸艺术

图 24.1 是胡煜昕小朋友用纸折的飞去来器。在公园空地上，捏着它的一端，角点朝外，旋转着斜上投出，它就会在空中遨游一周，飞回手中。映着蓝天白云和公园的绿树繁花，那轻盈又带有神秘感的飞行轨迹，甚为诱人。我不禁童心大发，也玩了几次并学习折法。材料是一张复印纸，沿长度方向裁成相同的两张，一人一张，我跟着折，不用裁剪，不用胶水，折法巧妙，令人兴趣盎然。

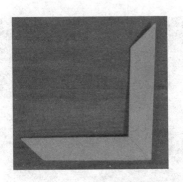

图 24.1　纸折的飞去来器

飞去来器是数千年前澳大利亚土著发明的神奇狩猎武器，如今成为一项娱乐运动，还有定期举办的世界性的飞去来器锦标赛。纸折的飞去来器不会伤人，在玩耍中演绎奇妙的空气动力学现象，集科普益智、娱乐和安全于一体，特别适合孩子。

再看图 24.2 的折叠纸灯笼。高高挂起，独特的中国韵味，独特的中国节日的喜庆气氛就仿佛扑面而来。

人类的折纸在发展中不断走向复杂。图 24.3 是日本折纸艺术家神谷哲史的折纸作品"龙神"，用一张 2 m×2 m 的纸完成。这是极为复杂的、技艺极其精湛的折纸作品。神谷表示这件作品是他的"神之一手"，自己也无法第二次完成这样的作品。

"折纸由哪个国家发明?""中国。"相信许多人会脱口而出。但是，多年来国际纸艺界却不这样认为。权威的国际组织公然标榜，纸艺的源头在英国、西班牙和日本，而不是中国。

中国是世界四大文明古国之一。来华传教士、汉学家艾约瑟在比较日本和中国时曾经指出："我们必须永远记住，他们

图 24.2　折叠纸灯笼

图 24.3　日本折纸艺术家神谷哲史的折纸作品"龙神"

（指日本）没有如同印刷术、造纸、指南针和火药（四大发明）那种卓越的发明。"公元 105 年，蔡伦总结前人的经验，改进了造纸术，使纸成为人们普遍使用的书写材料。他造的纸被称为"蔡侯纸"。

为什么中国向世界贡献了造纸术却没有贡献纸艺？据百度介绍，"折纸大王"徐菊洪就对此不服，花了近三年时间，终于从历史文献中发现两个证据：①《二十五史》新唐史记载，唐代的战用盔甲、铠甲是纸做的。"劈纸为甲"，在铠甲里夹树皮、棉絮，折纸那时就有了应用。② 现藏于英国大不列颠博物馆的、出土于敦煌石窟的两朵折叠纸花，应该是至今发现的世界最早的折纸作品，八瓣花朵和花蕊，工艺之精妙，就是现在都难以复制。

老徐的发现和考证把世界纸艺的起源整整前推了 6 个世纪，为中国纸艺正了名。现在一般认为，折纸起源于中国，把折纸艺术发扬光大的是日本。从中国的纸艺衰微湮没、甚至不为国际所知联想到近代中国一度国力衰微、挨打屈辱的历史，我们应当深刻反思，知耻而后勇，加快振兴中华的脚步。

24.2 自然简约神妙的折纸技艺

如果说"龙神"所展示的是人类折纸艺术的复杂精湛之美，那么自然向我们奉献的则是折纸技艺的简约实用之妙：树芽展叶，花蕾绽开，昆虫伸翼，飞鸟亮翅，地表皱褶……千姿百态的薄片展开或收拢，都是一个简单运动，一气呵成；简约到如果不是科学家解说，我们甚至可能不会意识到这是绝妙的折纸技艺。

图 24.4 记录了欧洲山毛榉树芽长成叶的过程[1]。图 24.4(a) 中紧凑折叠的树芽呈火炬状。图 24.4(b)~(d) 显示了芽的生长展开过程，从叶尖向叶柄看[图 24.4(c)]，芽沿顺时针方向旋转展开成图 24.4(d) 的叶。

材料
力学
趣话

(a)   (b)

(c)   (d)

图 24.4 欧洲山毛榉芽到叶的生长展开过程

芽发育展开成叶的过程太常见，似乎也太简单，以致我们可能没有留意过，但仔细想想，就会明白其中所蕴含的自然奥妙。孕育中的叶芽须尽量减少意外伤害，要紧凑折叠，发育成叶后为减少消耗，又必须由简单运动一次展开。其中难度，我们只要试试去减少稍复杂折纸的折叠步骤就能体会到。

为了赏析山毛榉叶展开的自然智慧，我们再看图 24.5[2] 的一组例子。图 24.5(b) 的角树叶与欧洲山毛榉叶的展开方式相同，叶脉都是周期人字形皱褶设计。再做一个实验，将大刚度的薄膜牢贴在厚的软基座上，让软基座收缩(如干燥、降温或施压)，膜将皱褶成图 24.5(c) 的周期人字形图案。这种周期人字形皱褶图案可以根据力学方程图由计算机模拟[图 24.5(d)]。日本物理学家三浦公亮先生[3] 发现了这种人字形折叠的自然智慧，

(a)   (b)

(c)   (d)

图 24.5 简单的整体折叠或展开[2]

发明了图 24.5(a) 的三浦折纸。据说这位物理学家是在观察老人额头的皱纹和卫星照片的地形皱褶时获得了灵感。

三浦折纸可以由简单拉压其对角整体展开成平面或收拢成叠，奇妙但并不复杂，建议读者按 24.3 节介绍的折叠方法也折一张，以感受自然折纸的灵气，更好地欣赏折纸相关的科技成果。

24.3 三浦折纸法

取一张 A3 复印纸，如果没有，B4 纸或 A4 纸也可以，不过由于纸小折痕多，折叠会稍难一些。如图 24.6 所示，将纸沿宽度等分，正反依次折叠成条（本例为 5 等分，4 条折痕）。

图 24.6　将纸沿宽度等分，正反依次折叠成条。
图中为 5 等分，4 条折痕

如图 24.7(a) 所示，在折成的纸条上画出与条长成锐角 γ（本例取 75°~84°）的等距平行线（本例画出 6 条平行线，划分出中间 5 个全等平行四边形，两端各一个梯形），再沿所画平行线正反依次折叠，得到图 24.7(b)。顺便指出，复印纸的长宽比为 $\sqrt{2} \approx 1.4 = 7 : 5$，因此折叠出的平行四边形可以看作菱形。

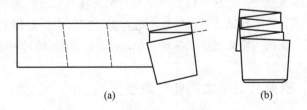

(a)　　　　　　　　(b)

图 24.7　将折叠条 7 等分，再正反折叠

材料
力学
趣话

将图 24.7(b)打开，然后如图 24.8(a)所示调整折痕的方向，可以看到，横向锯齿形折痕峰谷交替，纵向折痕凹凸交替，为了帮助辨认，凹折痕用实线标记，凸折痕用虚线标记。从图 24.8(b)可以看出，用两手拉对角线可以将它整体展开，压对角线则将它收拢成叠。

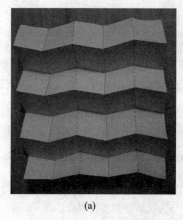
(a)

(b)

图 24.8　(a)折痕的方向；(b)拉对角线可以将它
整体展开，压对角线则将它收拢成叠

再看图 24.8 的折痕，横向峰谷折痕，都是锯齿形；而纵向折痕，在纸展平时是直线，折叠后也成了高低交错的锯齿形。这种周期变化反映了自然运动的节律，是物质运动的音符。看看我们周围的世界，蜿蜒的群山、起伏的沙丘、涌动的波浪、舞动的旗帜……映入眼帘的都是曲折而非平直，如果我们想迫使蛇不蛇行，鱼不摆尾，马不跃动，万物平直前行，也许它们连运动都不会了。如果我们试图用平直的眼光探寻科学，科学会远离我们而去。

24.4　折叠式卫星太阳能电池板

折叠式人造卫星的太阳能电池板是三浦折纸在高科技中的早

期应用。为接受更多的光能,电池板面积要大,因此升空时需要紧凑折叠以便装入火箭,送入太空后又要求能无人操作自展开。采用三浦折纸的展开只需简单一拉,从而大大减少了控制装置,降低了结构的复杂度和重量。后来,美国科学家布瑞恩·特雷斯采用多种折叠手法的结合,设计了整体结构更加简单的折叠式太阳能电池板阵列——太空花。图 24.9 是太空花的缩小版。太空花就像一朵盛开的花,能扩展成硕大的圆形表面。

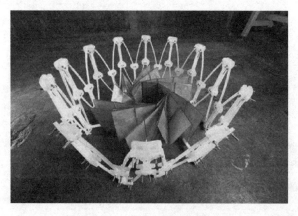

图 24.9 太空花的缩小版

三浦折纸还曾用于折叠旅游地图。简单一拉,地图展开成大张;轻轻一压,又还原成袖珍叠,插入口袋,很方便。不过由于 GPS、北斗导航系统的发展,旅游地图已逐渐走进历史。

折叠式卫星太阳能电池板仅仅是折纸技艺在科技领域应用的一朵报春花。下两章将继续介绍折纸超材料和折叠式可编程物质和机器人。

参考文献

[1] KOBAYASHI H, KRESLING B, VINCENT J F V. The geome-

材料
力学
趣话

try of unfolding tree leaves[J]. Proceedings of the Royal Society B: Biological Sciences, 1998, 265(1391): 147-154.

[2] MAHADEVAN L, RICA S. Self-organized origami[J]. Science, 2005, 307(5716): 1740.

[3] NISHIYAMA Y. Miura folding: applying origami to spacing exploration[J]. International Journal of Pure and Applied Mathematics, 2012, 79(2): 269-279.

材料
力学
趣话

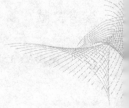

折纸 Ⅱ：超材料

摘要 超材料通常是指具有人工设计的结构并呈现出传统材料所不具备的超常物理性质的复合材料。本章介绍利用三浦折纸法发展的具有超常泊松比、变形自锁和力学性能可调的超材料。

材料
力学
趣话

25.1 超材料

目前对超材料（metamaterial）还没有严格定义，通常是指具有人工设计的结构并呈现出传统材料所不具备的超常物理性质的复合材料。

科学家已经在实验室中研发和在理论上设计出了不少意义重大的超级材料，并且认为它们有能力改变整个世界。例如，具备自我修复能力的仿生塑料，这种聚合物内嵌有一种由液体构成的"血管系统"，当出现破损时，液体就可像血液一样渗出并结块，修复微小裂缝；能直接插入普通发电机的排气管，从而把废热转换成可用的电力的热电材料；廉价的太阳能电池材料；超轻、超强韧的凝胶材料，它轻得看上去像是一团烟，空虚缥缈，却能轻松承受一盏喷灯的热量，或是一辆汽车的重量；内部的纳米结构能够以特定的方式对光线进行散射，未来或许真的可以让物体隐形的光操纵材料。

超材料家庭成员的共同特征是，能突破某些表观自然规律的限制，具有传统材料所没有的超常的材料性能或功能。实际上超材料并没有违背基本的物理学规律，它只是通过材料内部的微结构设计，巧妙利用了基本的物理学规律。贝壳、蜘蛛丝等生物材料的超常性能，也是源于内部精巧的微结构设计。

§24 介绍的三浦折纸可以用于开发折纸超材料。图 24.8 中三浦折纸展开收拢时，折痕小平行四边形不变形，像刚性片一样仅绕折痕相对转动，称为刚性三浦折纸。

25.2 刚性三浦折纸参数

刚性三浦折纸是周期折叠结构，四个折痕小平行四边形（刚性片）构成一个基本胞元（图 25.1），整张三浦折纸的几何和运动是基本胞元在两个方向的周期重复。图 25.1 显示基本胞元的一个折痕平行四边形的形状由边长 a、b 及其夹角 γ（取锐角）确定，基本胞元的唯一运动自由度可由折叠角 θ 描述。三浦折纸的几何和运动也可以改用其他 4 个独立参数描述，例如由胞元的外形几何尺寸 H、S、L 和 V 描述（图 25.1），它们与 a、b、γ 和 θ 可以互相换算。两种描述对研究各有优点。

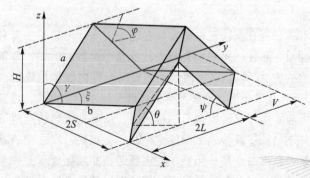

图 25.1 三浦折叠的基本胞元由四个折痕平行四边形构成[1]

25.3 超常泊松比

拉伸一根橡皮筋，使它纵向伸长，横截面收窄，如图 25.2 (a)所示，虚线代表拉伸前形状，这是正泊松比材料，泊松比定义为 $\nu = -\varepsilon_1/\varepsilon$，式中 ε 和 ε_1 分别是纵向应变和横向应变。若材料受拉后横截面不收缩反而膨胀，则称为负泊松比材料[图 25.2 (b)]。负泊松比材料受压时长度和横截面都收缩。绝大部分材料属于正泊松比材料。负泊松比材料由于有高的剪切模量、断裂韧性、热冲击强度、压痕阻力等而极具发展前景。例如负泊松比材料受冲击时，力作用的局部各个方向都收缩，密度增大而提高抗冲击性能。

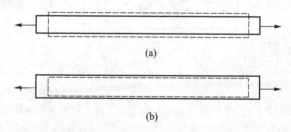

图 25.2　正泊松比材料(a)和负泊松比材料(b)的拉伸变形。
其中，虚线代表拉伸前形状，实线代表拉伸后形状

取三浦折纸（§24 图 24.8）拉伸，可以看到它四面扩张，压缩它，又会看到它四面收聚，这表明三浦折纸的面内泊松比为负值，而且是绝对值很大的负值。进一步研究发现，其面内泊松比随参数角 γ 和 θ（图 25.1）变化，如图 25.3 所示。

如果在一组对边施加外力偶将矩形平板弯曲成圆柱，则其外表面受拉伸、内表面受压缩。对于正泊松比材料，由于泊松效应圆柱内表面轴向伸长，外表面轴向缩短，板将弯曲成马鞍形。反之，负泊松比材料的板则会弯曲成拱形或碗形。既然面内拉伸实验已证明了三浦折纸具有负泊松比性质，我们就推论其弯曲时会

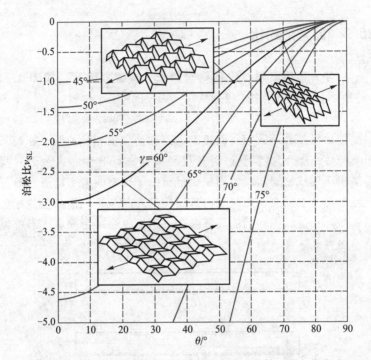

图 25.3　三浦折纸的面内泊松比为负值，且随 γ 和 θ 变化

变成拱形。然而实验却让我们大吃一惊，如图 25.4 所示，捏住三浦折纸的一组对角向下弯曲，另一组对角随之上翘，变成马鞍形。

从图 25.4 的表观现象，仿佛三浦折纸的面内拉压和弯曲变形与力学矛盾。仔细研究就会发现，这源于三浦折纸这两种变形的力学内部机理完全不同。面内变形属于刚性折纸运动，折痕平行四边形不变形，变形由折叠角 θ 完全确定，刚性折纸模型不会产生弯曲。观察图 25.4 三浦折纸的弯曲，折痕平行四边形弯曲了，由于折痕平行四边形的弯曲才引起整体弯曲。两种不同的变形机理导致不同的泊松比。这也为揭秘超材料表观似乎违背物理规律的现象提供了一个范例。

图 25.4 捏住三浦折纸的一组对角向下弯曲，
另一组对角随之上翘，变成马鞍形

　　工程中常使用刚度大的金属、塑料或复合材料制造折叠层
片，相当于刚性片，片间铰链连接，模拟起转轴作用的折痕。为
了模拟弯曲，可以如图 25.5 所示沿平行四边形对角线再加一道
折痕，所加折痕沿长或短对角线均可。观察图 25.4 的实际弯曲
变形，可以发现折痕平行四边形确有沿短对角线形成新折痕的
趋势。

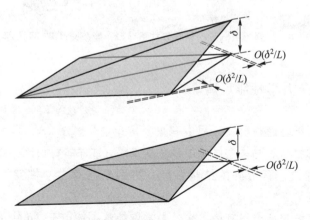

图 25.5 沿折痕平行四边形的对角线再加一道折痕

25.4　变形自锁

只要 S、L、V 三个参数(图 25.1)相匹配,三浦折纸就可以一层一层叠加粘结成块体多孔材料,各层高度 H 可以自由设计。图 25.6 是三浦折纸构成的七层嵌套粘结材料,有 A、B 两种层高。合适选取层高度组合,可以使某些层在指定值先达到变形极限,使此块体多孔材料具有一个奇妙的可设计的超材料性质,即能在指定变形实现形状自锁。

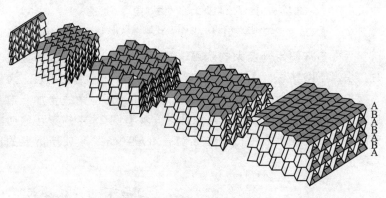

图 25.6　三浦折纸构成的七层嵌套超材料,能按设计要求变形自锁

25.5　力学性能可调

折纸型超材料在工程中有重要应用前景。图 25.7 是一款折纸型芯材[2],与夹层结构中传统的蜂窝、泡沫芯材相比,更易于设计制造,有更好的结构性能,特别是具有力学性能可调的特点。

传统材料一旦制造出来,力学性能就不能改变了(除了损伤劣化与破坏)。那么折纸型超材料是如何突破传统材料的这个局

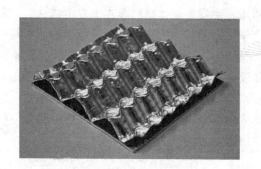

图 25.7　轻质折纸型芯材

限的呢？原来是巧妙利用了折纸结构"缺陷"的双稳态性质。我们已经在前面看到了许多力学双稳态结构的应用，如儿童玩具啪啪尺、豆荚弹射种子、黄瓜卷须自盘绕攀援、捕蝇草迅速闭合捕虫、卫星天线自展开等。现在，我们再次亲手做个小实验，了解如何利用双稳态结构改变折纸的力学性能。

　　取已折好的三浦折纸（图 25.8），用手指将其中一个顶点，例如将在下面的一个顶点压到上面，造一个缺陷，则缺陷是稳态的，不会自动复原。用手压一压，可以知道缺陷局部的刚度大大增加，难以压缩，但是离缺陷较远的地方，刚度没有什么影响。将离位顶点复位，三浦折纸的力学性质也复原。

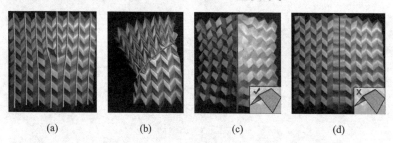

| (a) | (b) | (c) | (d) |

图 25.8　三浦折纸基础上的 4 种位错设计[3]：（a）一列刃型位错缺位；（b）一列连续的刃型位错形成晶界；（c）顶点交替形成转轴；（d）顶点连续形成刚性波纹带

我们知道，金属等晶体材料存在大量位错缺陷，它是决定金属等晶体力学性质的基本因素，一般只能在统计平均的意义上控制。折纸使我们可以设计位错。图 25.8 显示了三浦折纸基础上的 4 种位错设计[3]：一列刃型位错缺位、一列连续的刃型位错形成晶界、顶点交替形成转轴和顶点连续形成刚性波纹带。

下一章我们将继续介绍折纸技术在发展折纸型可编程物质和机器人中的应用。

参考文献

[1] SCHENK M, GUEST S D. Geometry of Miura-folded metamaterials[J]. Proceedings of the National Academy of Sciences of the United States of America, 2013, 110(9): 3276-3281.

[2] YOU Z. Folding structures out of flat materials[J]. Science, 2014, 345(6197): 623-624.

[3] SILVERBERG J L, EVANS A A, MCLEOD L, et al. Using origami design principles to fold reprogrammable mechanical metamaterials[J]. Science, 2014, 345(6197): 647-650.

折纸Ⅲ：可编程物质与机器人

摘要 本章以自折叠船和飞机为例，介绍了折纸型可编程物质。由于其具有统一的平面形状，便于运输，无需将其拆卸连接，加之可利用折纸技艺，已经成为可编程物质极具活力的一个研究方向。本章还介绍了一款折纸型自组装行走机器人。

材料
力学
趣话

26.1 可编程物质

可编程物质(programmable matter)的概念起源于 20 世纪 90 年代初，它的几何与物理性质(如外形、密度、光学性能等)能够根据编程指令改变。目前，医疗中已开始使用可重构机器人，以极小化对人体伤害的形状进入人体，然后根据治疗的需要变形。军事上则在研究将可编程物质变成所需要的武器或工具，包括军械、智能军服、能进入掩体内部攻击敌人的软体机器人，甚至地面装甲车辆等。可见，可编程物质是智能组件。

折纸型可编程物质具有统一的平面形状，便于运输，无需将

其拆卸连接，加之可利用折纸技艺，已经成为可编程物质极具活力的一个研究方向。

26.2 自折叠船和飞机

图 26.1 是一块能自折叠成船，也能自折叠成飞机的可编程物质[1]，由 32 块等腰直角三角形的玻璃纤维复合材料薄片拼成，接缝(折痕)处用弹性好的硅橡胶连接，并设置多组形状记忆合金致动器。图 26.1(a) 和 (b) 是致动器的顶面和底面照片，致动器由片状铜线接入电路。由于复合材料薄片仍有一定的厚度，折叠时在折痕处的铜线有小的伸缩，为此将铜线在折痕处设计成网状，如图 26.1(c)(未变形)和(d)(已受拉伸长)所示。图 26.1(e) 和 (f) 分别为沿折痕的一次折叠和二次折叠。

致动器的细节如图 26.2 所示，由形状记忆合金制造，两端三条腿弯曲钉住接缝两边的预置孔口[图 26.1(a) 和 (b)]。致动器通电加热将自折叠 180°[图 26.2(b)]。

图 26.1 的片状可编程物质在折痕处共设置了 20 个形状记忆合金致动器，分 5 组，可独立编程控制。图 26.3 显示了根据编程指令自折叠成船的过程，左边是计算模拟图，右边是实物图。在另一组编程指令下，此可编程物质能自折叠成飞机(图 26.4)。

材料
力学
趣话

图 26.1　可按编程折叠的正方形片：(a)和(b)致动器顶面和底面；
(c)和(d)折痕处未变形和受拉伸(有放大)的网状导线；
(e)和(f)沿折痕的一次和二次折叠

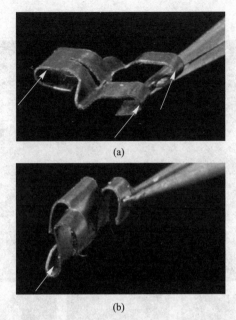

图 26.2　(a)形状记忆合金致动器，箭头处腿弯曲用于钉住折叠片；
(b)通电加热发生 180°折叠

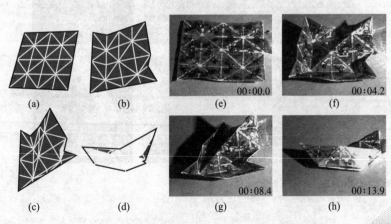

图 26.3　船的自折叠过程：(a)~(d)计算模拟图；
(e)~(h)实物图，右下角记录折叠时间

<table>
<tr><td>00:00.0</td><td>00:03.1</td><td>00:07.9</td></tr>
<tr><td>(a)</td><td>(b)</td><td>(c)</td></tr>
<tr><td>00:11.1</td><td>00:16.2</td><td>00:25.4</td></tr>
<tr><td>(d)</td><td>(e)</td><td>(f)</td></tr>
</table>

图 26.4 飞机的自折叠过程

26.3 自组装行走机器人

图 26.5 显示了一款自组装行走机器人。图 26.5(a)，机器人在自组装前为平片材料加带电池的马达；图 26.5(b)，接到指令后，电源接通加热，四角的板开始自折叠成四条腿；图 26.5(c)，马达转动，将曲柄定位销推入定位孔；图 26.5(d)，锁住自折叠形态；图 26.5(e)，马达再转动，机器人站立；图 26.5(f)，自组装的机器人冷却固化，这时机器人就能按指令灵活行走了。整个自组装过程全是远程控制，不需人近前帮助（如拆卸安装架）。一款机器人的开发会遇到许多实际困难，26.4 节讨论其中一个关键技术问题。

材料
力学
趣话

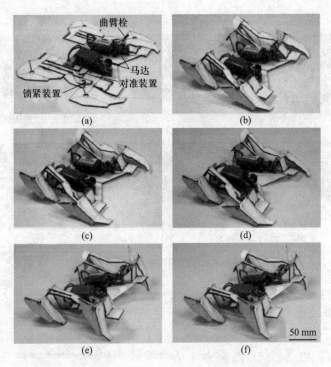

图 26.5　自组装行走机器人的自组装折叠过程

26.4　一个关键技术问题

　　一个关键技术问题是板的自折叠。图 26.1 的方案是在折痕处另加形状记忆合金致动器，增加了结构的复杂性也破坏了表面平整度。回想豆荚弹射种子（§3）和黄瓜藤卷须自卷攀援（§6），是巧妙利用了双层板自然失水时的不同收缩。图 26.5(a) 的弯折设计[2]也是运用这个思路。如图 26.6(a) 所示，板的结构为 5 层，上下层是具有形状记忆的聚苯乙烯，中间层是铺设铜线电路的聚酰亚胺，中间层与上下表层之间加纸垫，复合板的总成本只有 19 美元。

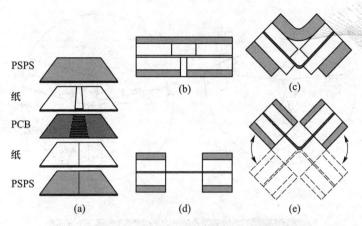

图 26.6　复合板的自折叠铰和运动关节

如图 26.6(b)和(c)所示，通电加热后，复合板的上下表层在对称收缩部分保持为平面，而下表层和纸垫被切开处，则会形成一个铰，使板弯成 V 字形。注意对应下纸垫的切口，上纸垫也有一道切口，这是为了不阻碍弯曲变形，实用上还可以调整上纸垫切口的宽度以调整弯折角。图 26.6(d)和(e)是机器人行走的运动关节，可以反复弯曲，需由马达提供动力。

图 26.7(a)的折叠板已经按拼装的需要切挖，不再是一块矩形板，大大减少了拼装困难。可是在实用中，还是要遇到厚板的多次折叠问题。有科学家[3]提出将折缝沿厚度合适地平移一个距离，如图 26.7(b)和(d)所示，就能完全贴合。

折纸相关的高科技成果还有很多，不可能一一列举。如有科学家[4,5]发明了一种 DNA 折纸术（DNA 是脱氧核糖核酸，可组成遗传指令，引导生物发育与生命机能运作）。《Nature》的封面就刊登过一张用 DNA 折纸术制造的纳米尺度地图，比例是 1 比 200 万亿，500 亿份该地图可以装进一滴水里。

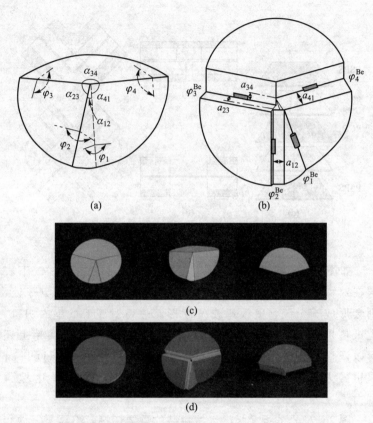

图 26.7 合适的折缝不共点设计使厚板的多次折叠完全贴合[3]

26.5 科学是集体智慧的结晶

从身边的力学到研究的前沿就介绍到这里，豆荚弹射种子的妙法、黄瓜藤卷须自盘缠攀援的绝技、裂纹图案隐藏的科学密码、蜘蛛丝和贝壳从宏观到纳米尺度的多级精妙分级结构、沙漠甲虫饮雾和人厌槐叶萍水下附气、复合材料性能的增强和无中生

有、人类复杂精湛和自然简约高超的折纸技艺及其对高科技领域
的推动，一颗又一颗绚丽夺目的科学明珠照亮的是无垠的具有不
可抗拒诱惑力的科学研究天地。

在每一颗科学明珠的辉光下，我们都看到了一大批优秀科学
家的身影，他们很多人穷毕生之力，只前进了一小步，没有得到
所向往的科学明珠，但是在科学明珠光芒里，有他们一份辛劳、
汗水和智慧。武际可教授在他的《力学史》里，引过乔治·萨顿
一段话：

"科学像一颗常青之树，在实验室、图书馆和博物馆中缓慢
生长，成千上万的人完成了大量出色的工作，这些人并非有超人
的才智，但他们受过良好的训练，掌握了有效的方法，并且有很
大的耐心。"

谨以此与有志于科学的同仁共勉。

接下来还有数篇教学科研随记，大多是与年轻学生的切磋，
附在这里，因为科学的明天属于年轻一代，同时亲历所以感到
亲切。

材料
力学
趣话

参考文献

[1] HAWKES E, AN B, BENBERNOU N M, et al. Programmable matter by folding[J]. Proceedings of the National Academy of Sciences of the United States of America, 2010, 107 (28): 12441-12445.

[2] FELTON S, TOLLEY M, DEMAINE E, et al. A method for building self-folding machines[J]. Science, 2014, 345 (6197): 644-646.

[3] CHEN Y, PENG R, YOU Z. Origami of thick panels[J]. Science, 2015, 349(6246): 396-400.

[4] ROTHEMUND P W K. Folding DNA to create nanoscale shapes

and patterns[J]. Nature, 2006, 440(7082): 297-302.

[5] BENSON E, MOHAMMED A, GARDELL J, et al. DNA rendering of polyhedral meshes at the nanoscale[J]. Nature, 2015, 523(7561): 441-445.

§27 *Section* 压杆 I：多波失稳

摘要 本章设计了多波失稳的教具，形象显示了压杆挠曲轴近似微分方程舍去的解的物理意义，讨论了自然界显现的潜在的运动形式与运动形式的转换，指出了解运动形式的重要性。

27.1 多值解的意义

如图 27.1 所示，细长杆可以承受较大的拉力，但往往在很小的轴向压力下就发生横向弯曲，这种现象称为压杆失稳。由压杆挠曲轴近似微分方程推导的两端铰支杆失稳压力是多值解：

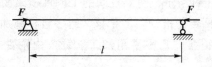

图 27.1 受轴向压力的两端铰支杆

$$F = \frac{n^2 \pi^2 EI}{l^2} \qquad (n = 1,\ 2,\ 3,\ \cdots) \qquad (27.1)$$

式中，E、I 和 l 分别是杆的弹性模量、杆截面惯性矩和杆长。取

$n = 1$(舍去其他值），得到两端铰支压杆失稳的临界载荷。

一位同学问："为什么仅取 $n = 1$，被舍去的值有意义吗？"

作者解释："$n = 1$ 表示失稳曲线是半正弦波，$n = 2$，3，4，…表示失稳曲线分别是 2，3，4…个半正弦波。因为 $n = 1$ 的半正弦波对应的临界载荷最小，所以是显现的，$n = 2$，3，4，…的失稳曲线对应的临界载荷大，所以是潜在的，不出现。"

没想到这样回答引来追问："潜在的，真玄。能让它出现，见到吗？"

刚好学校安排作者负责"力学实验教学示范中心"的筹建，有一笔教学研究经费，作者就决定设计一个教具，回答同学的问题。

27.2 多波失稳教具

着手设计教具，困难就来了。要让 $n = 2$ 的潜在波形出现，就要设法让 $n = 1$ 的波形不出现。要让 $n = 3$ 的潜在波形显现，就要设法让 $n = 1$ 和 2 的波形不出现。如何让前几阶波形不出现呢？

开始时，作者毫无头绪。可是，"众里寻他千百度，蓦然回首，那人却在，灯火阑珊处。"有一天作者看到梯子，一个设计方案突然从脑海里蹦了出来，将它告诉手巧的王士敏教授，他大为赞赏，欣然合作制作了一个教具。

如图 27.2(a) 所示，两立柱间的上刚性横梁固定，下刚性横梁活动，由螺杆传力推动向上平移，给各组杆施加压力。压杆就地取材，用钢锯条，几乎不用加工。锯条由刚性横梁上的小槽定位。

失稳曲线如图 27.2(b) 所示，右边单根杆是我们熟悉的两端铰支压杆，失稳波形是半正弦波。中间两竖弹性压杆两端被横刚性短杆牢固相连，两杆端点转角必须相等。我们反过来分析，如果出现 $n = 1$ 的 C 形失稳曲线，横刚性短杆会由平行变为延长线

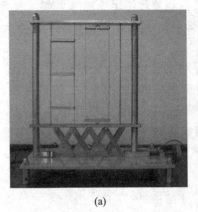

(a)　　　　　　　　　　　(b)

图 27.2　演示多种波形失稳的教具：

（a）未受力状态；（b）受轴向压力失稳状态

相交，处于内弧的压杆必须变短，这需要很大的外力，不能出现，于是 $n = 2$ 的波形显现出来，即图 27.2(b) 优美的 S 形全正弦曲线。图 27.2(b) 左边两竖弹性压杆则被约束排除了 $n = 1$ 和 2 的波形，因此显现 $n = 3$ 的 M 形波形。

根据式（27.1），中间两压杆每根的临界失稳压力比右边压杆的提高了 $n^2 = 4$ 倍，右边两压杆每根的临界失稳压力提高了 $n^2 = 9$ 倍。我们易于用电测法容易验证这个结论。

27.3　运动形式的转换

运动形式转换是物质世界的普遍现象。非常有趣地，图 27.2(b) 中和左两组杆系直到失稳后，附加的刚性横杆都不受力，是零力杆，但不是不起作用的杆，而是能够将压杆的失稳波形从半波改变为全波、3/2 半波…$n/2$ 半波，稳定临界载荷提高到原来的 4 倍、9 倍…n^2 倍。建高楼时需用长杆搭脚手架，为防止失稳倒塌，要加若干约束连接到建筑物上。这些约束不受力，

但提高脚手架的稳定性。有施工队因资质不足或疏忽大意，未严格按标准施工，曾多次出现过脚手架倒塌造成人员伤亡的重大事故。

潜在的运动形式在一定条件下可能转换为显现的运动形式。如果没有预料到这种运动形式转换，及时采取防范措施，是非常危险的。我们熟知的美国塔科马海峡大桥倒塌就是一个著名的例子。桥在 1940 年 6 月底建成后不久 (1940 年 7 月 1 日通车)，人们就发现大桥在微风的吹拂下会出现晃动甚至扭曲变形的情况。桥面的一端上升，另一端下降。司机在桥上驾车时可以见到另一端的汽车随着桥面的扭动一会儿消失一会儿又出现的奇观。因为这种现象的存在，当地人幽默地将大桥称为"舞动的格蒂"。

所谓"舞动的格蒂"是指气弹颤振现象，飞行器、高层建筑和桥梁等结构都可能发生颤振。第一次世界大战初期就有轰炸机因颤振事故而坠毁，促使了气弹颤振研究的发展。显然因为在不同的工程领域，塔科马海峡大桥的设计者忽略了颤振问题，甚至在目睹"舞动的格蒂"后，仍然传统地仅从强度考虑，认为桥梁的结构强度足以支撑大桥，因此酿成了这幕惨剧。

为了深化同学们对运动形式转换的理解，借助力学实验教学中心这个平台，作者与王士敏、张华教授研发了一组教具，让同学们观摩比较力学的不同分支学科的运动转换现象。除了图 27.2 的多波失稳教具外，还有图 27.3 的结构共振模态转换教具，随着小电机激励频率的变化，此教具的振动可以转换为上下、前后、左右等多种振动模态。如图 27.4 所示，在透明管的水流中添一道红墨水细流，当流速小时，水流为层流，红墨水的运动呈现一条清晰红线。但是当流速提高到临界雷诺数时，稳态的层流转掠为湍流，水变浑，流动的红线不复存在。

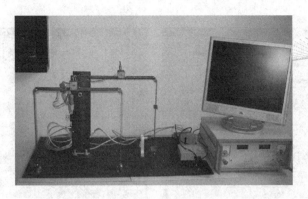

图 27.3　小电机激励频率的变化使结构共振模态改变

图 27.4　层流转捩为湍流的实验

材料
力学
趣话

27.4　学生作品

新实验激发了同学们的学习热情，力学实验选修课火爆，课外科技活动更涌现了许多佳作。

图 27.5 是作者和实验室姜开厚高工指导的学生的冯如杯竞赛作品。下刚性圆盘固定在材料试验机上，上刚性圆盘与试验机由滚珠轴承相连，可以自由转动。两盘间中心对称地安装 3 根压杆，压杆的横截面为长方形。改变压杆横截面长边的方位，结构的失稳形态改变。图 27.5(a) 和 (b) 压杆截面的长边都垂直于圆盘直径，由于初始条件的微小不同，失稳时前者压杆外凸，后者压杆内凹。图 27.5(c) 的压杆截面长边沿圆盘直径，失稳时上圆盘旋转。

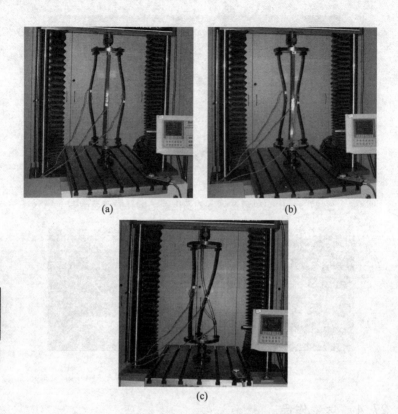

(a)　　　　　　　　　　(b)

(c)

图 27.5　改变压杆截面方位，得到不同的失稳形态

　同学们说，图 27.5 的设计构思受了图 27.2 和钱学森先生的导师冯·卡门先生的一则轶闻的启发。据说卡门先生应邀为一位工厂主解决机器噪音问题。卡门先生让工厂主将某个齿轮转个方向，噪音果然小多了。不久，工厂主又找卡门先生说："你一句话，怎么收费这样多？"卡门先生幽默地回答："我退费，你转回齿轮。"工厂主想了想，觉得还是不转回齿轮划算。因此，学生们在自己作品的设计说明中写道："我们想通过这个作品说明，灵活运用力学知识，常常可以用非常简单的办法解决初看很困难的问题。"

§28

Section

压杆Ⅱ：刚杆-弹簧模型

摘要 本章介绍刚杆-弹簧模型如何模拟弹性杆，指出弹性体的任意微小的部分包含整体的信息。

28.1 人体腿骨的刚杆-弹簧模型

观赏举重比赛，常见运动员举起了杠铃后腿还在抖，甚至没稳住，又被压趴。我们自己也有体验，扛的东西太重，就会觉得腿发跪。

为什么在负重大时难以保持两腿的直立状态呢？图 28.1(a) 是人体腿骨的刚杆-弹簧力学模型，大小腿骨抽象为等长 (均为 $l/2$) 的刚性杆，实线表示腿弯状态，虚线表示腿直立状态，膝盖韧带抽象为碟形弹簧，扭转刚度为 k。设腿弯时腿骨从直立平衡位置偏转了角度 θ，两腿骨相对转动了 2θ。于是韧带提供腿恢复直立状态的力矩为

$$M = k(2\theta) \tag{28.1}$$

图 28.1(b) 是腿弯平衡时小腿骨的受力图，F 是腿骨负重时受的压力，它的作用使弯曲的腿进一步弯曲，M 是碟形弹簧 (膝盖韧带) 提供的力矩，它的作用使弯曲的腿恢复直立状态。考虑

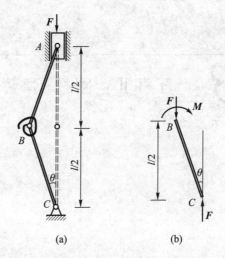

图 28.1 （a）人体腿骨的刚杆-弹簧力学模型；
（b）下刚杆（小腿骨）的受力

图 28.1(b) 对 C 点的力矩平衡

$$\frac{Fl}{2}\sin\theta = M \tag{28.2}$$

将式(28.1)代入，得

$$F = \frac{4k}{l}\frac{\theta}{\sin\theta} \tag{28.3}$$

在微弯状态，$\sin\theta \approx \theta$，于是有

$$F = \frac{4k}{l} \quad \text{或} \quad k = \frac{Fl}{4} \tag{28.4}$$

显然，式(28.4)代表临界平衡状态。如果 F 小于 $4k/l$，直立平衡是稳定的，腿将恢复直立状态；如果 F 大于 $4k/l$，直立平衡是不稳定的，腿将继续弯曲，直至跪倒。

刚杆-蝶形弹簧模型较为直观地从力学上说明了两腿直立平衡状态的改变（失稳），接着自然就要引入细长弹性杆轴向受压失稳（直线平衡状态的改变），推导压杆稳定微分方程。

28.2 刚杆-弹簧能模拟弹性杆吗？

课后，有同学提问："问题这样引入很形象，可是刚杆-弹簧模型能模拟弹性杆，微分方程能变代数方程吗？"作者让他将图 28.1 刚性杆的段数逐步增加，自己回答这个问题。

他将细长压杆（§27 图 27.1 或图 27.2 右边压杆）失稳临界载荷写为

$$F_{cr} = \frac{\alpha EI}{l^2} \tag{28.5}$$

式中，EI 是弹性杆的弯曲刚度；l 是杆长。微分方程给出系数 α 的精确值是 $\alpha = \pi^2 = 9.87$［§27. 式（27.1）］。采用图 28.1 的两刚杆模型，结果是 $\alpha = 8$；采用图 28.2(a) 的 3 刚杆模型，$\alpha = 9$（具体解法参见参考文献［1］）；采用图 28.2(b) 的 5 刚杆模型，$\alpha = 25(3 - \sqrt{5})/2 = 9.55$。比较可知，采用 2、3、5 刚杆模型的结果与微分方程的精确解相比分别小 18.9%，8.8%，3.2%。随着分段数增加，刚杆-弹簧模型的代数方程组的解很快趋近微分方程的精确解。

材料
力学
趣话

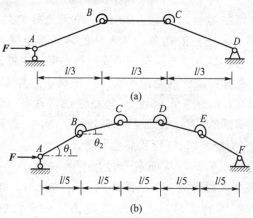

图 28.2 由刚杆-碟形弹簧模型模拟弹性杆失稳：
(a) 3 刚杆模型；(b) 5 刚杆模型

有限元法就是将连续体离散，偏微分方程化为代数方程组求解。常规有限元法将结构离散为大量弹性单元，相邻单元节点保持连续。特别地，还有一种刚性有限元法，它将弹性结构离散为大量刚性单元，刚性单元不变形，节点由弹簧连接，以模拟结构的弹性性质。对某些问题，刚性有限元有独特的优点。多段刚杆-弹簧模型是刚性有限元法的一个特例。

对于上述简单的压杆失稳问题，当然不必用有限元法，但是稍复杂的问题，例如杆的截面积沿杆的轴线变化，离散的有限元法就显示优越性了。

28.3　微小的部分包含整体的信息吗？

仔细观察，多段刚杆-蝶形弹簧模型的解还能给我们更多的启示。压杆的临界失稳状态是一种随遇平衡状态，图 28.2(b) 中 AB 和 BC 两杆转角 θ_1 和 θ_2 可以是任意的小量，但是我们发现，二者之比是一个定值：

$$\theta_1/\theta_2 = (\sqrt{5}-1)/2 \qquad (28.6)$$

继续增加刚杆的数目，10 段、20 段……无论杆的数目是多少，只要知道了其中一段的转角，其余杆的转角就能算出。也就是说，无论杆分多少段，都只有一个变形自由度。这是因为细长压杆的临界平衡是有条件的随遇平衡——失稳曲线为正弦曲线[观察 §27 图 27.2(b) 的变形曲线]，也就是说它只有一个随机自由度。在我们周围的世界，到处都可见随机运动，但是随机中有着确定的规律(例如 §22)等待我们去发现。

上述观察也显示，从任意一段刚杆和弹簧的变形与受力，可以知道整个多段刚杆-蝶形弹簧的变形与受力，弹性压杆任意局部包含整体的信息。压杆的失稳曲线是正弦曲线，容易测量半波长度。工程上就利用这一点将压杆的临界应力公式写为

$$F_{cr} = \frac{\pi^2 EI}{(\mu l)^2} \qquad (28.7)$$

式中，μl 是等效长度，即等效于两端铰支压杆的长度；μ 是长度系数。§27 图27.2(b)从右到左分别是1、2、3个半波，长度系数分别为1、1/2、1/3，这样临界载荷之比就是1∶4∶9。很容易看出，两端固支杆 $\mu = 0.5$，一端固支一端铰支杆 $\mu \approx 0.7$。长度系数为工程应用提供了方便。

压杆的一部分包含压杆整体的力学信息具有普遍意义。如二维弹性力学的解可以用解析函数表示，因此任意微小部分的解可以解析延拓到整体，这就严格证明了二维弹性体任意微小的部分包含了整个弹性体的力学信息，就像全息摄影的一块碎片能还原整张照片的映像一样。但是我们能用所观测的有限区域去还原整个物质世界运动吗？这是一个永恒的课题。

参考文献

[1] 蒋持平主编，材料力学常见题型解析及模拟题[M]. 北京：国防工业出版社，2009，155-156.

材料
力学
趣话

§29

Section

从有限到半无限裂纹

摘要　从重要工程手册中两有限共线裂纹问题的解取极限得出两共线半无限裂纹的解产生的错误说明，科学研究既需要异想天开，也需要严谨，大胆想象与小心求证相辅相成。

29.1　争议插曲

在作者的博士论文答辩中，一个插曲令人难忘。

作者是"文革"后首届研究生，毕业后留校任教 5 年后，觉得应该"充充电"了，便于 1986 年春考入哈尔滨工业大学攻博，1988 年夏答辩。学位论文的结论经过反复检查考核，仍有一朵"乌云"：一个公式的特殊情形与国际著名力学家 Erdogan[1] 的经典公式不符。Erdogan 的公式在 20 多年前首先在重要国际会议提出，然后发表于有影响的国际刊物[1]，并收入国内外重要工程手册[2-4]。如果选择避谈这朵"乌云"，博士研究工作会看起来"严谨"，成果也足够，但是作者选择了和盘托出。

答辩评委由有学术声望的学者组成，其中几位不久后当选为中国科学院院士。答辩最后果然聚焦到这朵"乌云"：部分评委支持，部分认为还需再推敲，后来成为评委间的争论，答辩委员会主席于是提议暂停争议，开闭门会议。最后决议书对学位论文的评价为优，没提及争议问题。

争议问题是关于两共线半无限裂纹的应力强度因子（表 29.1 图）。§ 9 已经介绍过应力强度因子，1957 年 Irwin 建立了以应力强度因子为参量的裂纹扩展准则，促进了断裂力学的发展和应用。应力强度因子的计算有复变函数法、积分变换法、权函数法等，涉及专门知识。不过我们可以跳过细节推导。

表 29.1 右上是我们推导的应力强度因子新公式，比右下 Erdogan 的经典公式多了一项，而且在大部分情形，多出的项是主要项。

表 29.1 两半无限裂纹应力强度因子新老公式对照

裂纹图形		裂纹尖端应力强度因子
	新公式	$K_1 = \dfrac{P}{\sqrt{\pi a}}\left(\sqrt{\dfrac{b+a}{b-a}} + \dfrac{2\sqrt{b^2-a^2}}{a}\right)$
	老公式	$K_1 = \dfrac{P}{\sqrt{\pi a}}\sqrt{\dfrac{b+a}{b-a}}$

我们发现，表 29.1 公式的不同源于力学模型的不同。Erdogan 采用图 29.1 的力学模型，两有限长共线裂纹，在裂纹面 b 点作用集中力 P、Q 和集中力偶 M。先求得两有限共线裂纹问题的解，求得解析解后设两裂纹外端点坐标 $-c$ 和 c 分别趋于正负无穷大，就获得两共线半无限裂纹的解，求解过程没有问题。

我们采用的是图 29.2 的力学模型（图中未画上图 29.1 的力），即两半无限板在 $(-a, a)$ 之间连接的问题。图 29.2 的模型与图 29.1 中 c 趋于无限大的模型有什么区别呢？如图 29.2 所示，如果在上下板的无限远处作用一对相反的力偶 M_0，那么裂纹尖端 a 的应力强度因子为

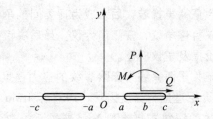

图 29.1　Erdogan 的力学模型

$$K_{\mathrm{I}} = \frac{2M_0}{a\sqrt{\pi a}} \qquad (29.1)$$

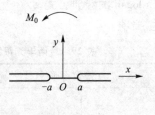

图 29.2　有限长边界连接的
上下半板在无穷远作用
一对相反力偶 M_0

但是图 29.1 的板在无限远处作用这样一对力偶，因为有限力分布在无限长的 x 轴上，所以裂纹尖端的应力强度因子是零。在用复势求解问题时，图 29.1 的复势中一个虚常数对应于板的整体刚体转动，不引起应力，通常略去。但是图 29.2 两块半板的相对微小转动引起应力，此虚常数进入函数式，产生表 29.1 新公式的附加项。

29.2　投稿的经历

分析答辩专家的意见，发现赞同的专家是小研究方向的同行，持质疑意见的则是大同行，于是与导师王铎、邹振祝老师商量，写成论文投了一个国内有影响的学术期刊。经过长时间的审稿，接到了录用通知。想不到一年后又接到退稿通知，没有谈学术上的理由，而是认为国际著名力学家的解不应当错，何况手册在全世界已经用了这么多年了，建议我们自己查错。

不得已将论文译成英文投到了当时断裂力学领域最有影响的

国际刊物《International Journal of Fracture》。匿名审稿意见很快来了，根据语气推测，有可能是 Erdogan 审的。审稿意见肯定了我们的论文，认为是实际重要的，还提了一条修改意见：考虑双边裂纹板，与有限元结果比较。

我们计算了边长 $20a$ 的方板，连接段长 $2a$。对于载荷位置 b 的不同值，在裂纹尖端 a 的应力强度因子的计算结果对照列于表 29.2 中，可以看到，我们的结果与有限元解互相验证，而老公式连变化规律都不对。

表 29.2 应力强度因子 K_{I+a} 的解析公式与有限元结果对照[$K_{I+a}(P/\sqrt{a})$]

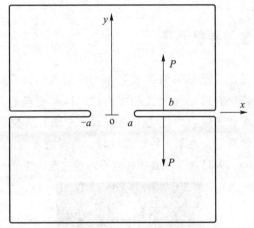

材料
力学
趣话

b	新公式	旧公式	FEM
$1.6a$	2.58	1.17	2.60
$2a$	2.93	0.97	2.89
$3a$	3.98	0.79	3.89
$4a$	5.09	0.72	4.96
$5a$	6.21	0.69	6.05
$10a$	11.85	0.62	11.52

论文[5]发表后告知了退稿的杂志，不想该杂志又将原中文稿发表了。两年后，新公式收入我国应力强度因子手册的修订版[6]，取代老公式。

回头反思，为什么稿件会经历接受/退稿/另投的曲折，花了3年时间才发表呢？其中固然有 Erdogan 的名气和载入工程手册20多年的因素，但也不可否认我们原稿的不足，将重点放在讨论复势的虚常数、黎曼-希尔伯特联结问题，太抽象，使非小同行的专家不易理解。而国外匿名专家审稿意见一下就点明了研究的实际应用价值，即用于双边裂纹板，与有限元数值比较既易理解，又有说服力，值得学习。

29.3 严谨与异想天开

上述小插曲源于从有限裂纹到半无限裂纹的推广。科研和工程中常常需将已有理论和公式加以推广，科学史表明，看似合理的推广可能导致谬误。但是这里想强调另一面，异想天开的想象可能创造科学奇迹。英国无线电工程师、自学成才的天才数学物理学家亥维赛(图 29.3)对二项式展开的不讲理的推广就是一个范例。

图 29.3 奥利弗·亥维赛(Oliver Heaviside)

我们从初等代数知道二项式展开式为

$$(1+x)^n = 1 + nx + \frac{n(n-1)}{2!}x^2 + \frac{n(n-1)(n-2)}{3!}x^3 + \cdots \quad (29.2)$$

式中，n 是正整数，牛顿推广到分数，例如 40 的 5 次方根可写为

$$\sqrt[5]{40} = (32+8)^{1/5} = 2\left(1+\frac{1}{4}\right)^{1/5} \quad (29.3)$$

设 $x = 1/4$，$n = 1/5$，由式 (29.2) 得到

$$\sqrt[5]{40} = 2\left(1+\frac{1}{4}\right)^{\frac{1}{5}} = 2[1+0.05-0.005+0.000\,075-\cdots]$$

$$(29.4)$$

级数 (3) 取前 4 项的结果分别是 2、2.1、2.09、2.0915，而 $\sqrt[5]{40}$ 的精确结果是 2.091 27… 可见趋于精确解的速度是很快的。

这一推广展示了牛顿的想象力与创造力，式 (29.2) 被命名为牛顿二项式公式是实至名归。不过亥维赛的想象力就更惊人了，他竟然将微积分符号也放进二项式公式来展开。例如他将电阻 R 和自感 L 的串联电路微分方程

$$\left(L\frac{d}{dt}+R\right)j = E \quad (29.5)$$

中的求导数算符 $\dfrac{d}{dt}$ 记作 p，其倒数 $\dfrac{1}{p}$ 解释为对应定积分算符，式 (29.4) 改写成

$$j = \left(L\frac{d}{dt}+R\right)^{-1}E = \frac{E}{Lp}\left(1+\frac{R}{L}\frac{1}{p}\right)^{-1}1 \quad (29.6)$$

像式 (29.5) 这样将求导算符 p 放入分母中是没有什么意义的，唯一的作用是形式上将微分方程化成了式 (29.2) 的二项式形式，能进行形式上的展开：

$$j = \frac{E}{L}\left(\frac{R}{L}\frac{1}{p}-\frac{R^2}{L^2}\frac{1}{p^2}+\frac{R^3}{L^3}\frac{1}{p^3}-\cdots\right)1 \quad (29.7)$$

没想到完成解 (29.6) 对时间 t 的积分，并注意到级数解可以求

和，竟得到封闭形式解：

$$j=\frac{E}{R}\left(\frac{R}{L}t-\frac{R^2}{L^2}t^2+\frac{R^3}{L^3}t^3-\cdots\right)=\frac{E}{R}\ (1-e^{-\frac{R}{L}t})\qquad(29.8)$$

不管解法多么无理，多么不可思议，令当时的数学家吃惊，但得到了正确解就是王道，这个方法被称为符号法。亥维赛有一句名言："逻辑可以耐心等，因为它是永恒的（Logic can be patient for it is eternal）。"

当然由于不理会逻辑，亥维赛也做出了一系列的计算错误，后来由杰弗莱斯指出乃是没有注意到 p 与 $1/p$ 的次序不可交换的缘故。最后人们发现了符号法跟拉普拉斯变换的关系，于是符号法脱离了它原始的粗糙形式而建立在严谨的拉普拉斯变换的基础上，并被改称为运算微积。在运算微积中，p 不再解释为算符，而是代表一个复变量。逻辑终于等来了。

亥维赛的成就诠释了科技界英雄出少年的现象，因为他们没有传统的束缚，敢于冲破藩篱，大胆想象，所以能获得突破。而亥维赛所犯的计算错误也说明科学理论的确立需要小心求证。大胆想象与小心求证相辅相成。

参考文献

[1] ERDOGAN F. Stress distribution in a nonhomogeneous materials [J]. ASME Journal of Applied Mechanics, 1963, 30(2): 232-236.

[2] TADA H, PARIS P C, IRWIN G R. The Stress Analysis of Cracks Handbook[M]. Pensylvania: Del, 1973.

[3] SIH G C. Handbook of Stress Intensity Factors for Researchers and Engineers[M]. Pensylvania: Leheigh University, Bethlehem, 1973.

[4] 中国航空研究院. 应力强度因子手册[M]. 北京：科学出

版社, 1981.

[5] JIANG C P, ZHOU Z Z, WANG D, et al. A discussion about a class of stress intensity factors and its verification[J]. International Journal of Fracture, 1991, 49(2): 141-157.

[6] 中国航空研究院. 应力强度因子手册修订版[M]. 北京: 科学出版社, 1993.

材料
力学
趣话

§ *30*

Section

双杠支腿位置

摘要　本章从双杠支腿位置出发谈工程等强设计原则的各种应用。

材料
力学
趣话

30.1　双杠支腿位置与工程等强设计

2008 年北京奥运期间，全国掀起了奥运热，在材料力学课讲解工程等强设计思想，就选了竞技器械双杠(图 30.1)的支腿位置设计作为实例。杠的力学简图如图 30.2 所示，外伸梁 AE，支腿相当于铰链支座 B、D，运动员对杠的作用为铅垂力 F，可作用在杠的任意位置。支腿应该设计在什么位置，即 l/a 为何值，杠的承载能力才最大？

运动员的作用力 F 对杠有两个危险位置。① F 作用于 A 端时，支座 B 处最危险，所受弯曲力矩为 Fa。② F 作用于杠的中点 C，所受弯曲力矩为 $F/2 \times l/2 = Fl/4$。支座 B、D 靠拢，B、D 处弯曲力矩 Fa 变大，因而变危险。支座 B、D 分开，则 C 处弯曲力矩 Fa 变大，变危险。要使杠的承载能力最大，只能是支座处和中截面同时到达满载值

图 30.1 双杠比赛

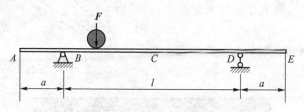

图 30.2 横杠的力学简图

$$Fa = \frac{1}{4}Fl \qquad (30.1)$$

即

$$l = 4a \qquad (30.2)$$

下午答疑时，一位同学对我说，说他去量了，双杠的设计不符合课堂上讲的等强设计原理。于是我们一起去再量，发现是一个支腿埋在地上的简易双杠。他于是再去查了体育器材设计标准[1]：横杠长 $l+2a=350$ cm，支腿标准高 175 cm，可升降。两横杠之间间距可调,范围 38~64 cm。横杠与支腿由铰链连接,相距 $l=230$ cm。

根据式(30.2)计算,外伸端长度为

$$a=l/4=230/4 \text{ cm}=57.5 \text{ cm} \qquad (30.3)$$

而设计标准却规定 $a=60$ cm。仔细分析就会知道到手掌的力不可能是最外端的一个集中力,而是一个分布力,它的合力作用点会内移一点,式(30.3)可看作有效外伸长度,由此可见双杠的力学设计之精细。

30.2 工程等强的广泛应用

工程等强思想有广泛的应用,如图 30.3 的悬臂梁,从梁的自由端到固定端力 F 引起的弯矩逐渐增大,梁的宽度逐渐增大,使梁内各截面的最大弯曲正应力相等。图 30.4 飞机机翼的力学模型是变截面悬臂梁。

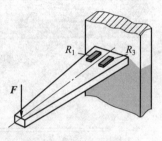

图 30.3 变截面梁

图 30.4 机翼

　　动植物在进化中掌握了等强设计，动物的腿靠身体粗向外细，树干下粗上细，藤蔓却有等截面茎，因为只有藤蔓的强度靠被攀援物提供。美学也需符合力学原理，如果将家具的腿设计成上细下粗，不仅强度打折扣，看上去也不舒服。

　　图 30.5(a)是汽车和火车等用的减振叠板弹簧，它的力学原型是图 30.5(b)的三点弯曲菱形等强度梁(平放)。将菱形梁弹簧沿虚线切成矩形条，然后叠放固定，既保持了等强度性质，又增加了弹性，美观和便于安装。图 30.6 两个钢管由一个套管连接，如何设计套管尺寸？等强原则为我们提供最佳方案。

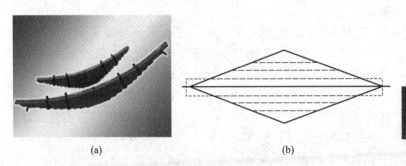

(a) (b)

图 30.5 (a)叠板弹簧；(b)叠板弹簧力学原型

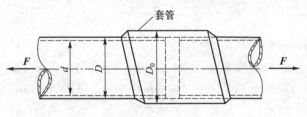

图 30.6 套筒连接两钢管示意图

30.3 科技奥运

　　体育器材设计要符合力学原理，体育竞技是力与美的展示，奥运会还是最新科技展示的舞台。2008 年奥运前夕,《力学与实践》出版了奥运特辑(力学与实践,2008,30 卷第 3 期),请专家领我们去欣赏那美轮美奂无比精彩的奥运力学。作者为该特辑起草了卷首语:

2008 北京奥林匹克运动会的脚步近了。

奥林匹亚的圣火越过江河湖海,穿行田野村落,燃烧在繁华的都市,照亮了地球之巅,由五大洲的人民手递手相传,如今正行进在辽阔壮美的神州大地。狂风吹不熄,暴雨浇不灭,高山缺氧无损其亮度,奥运火炬的内部结构与燃烧系统蕴含哪些力学奥秘?

仿佛从天而降的鸟巢——国家体育场、晶莹剔透的水立方——国家游泳中心、飘逸又富于动感的巨大中国折扇——国家体育馆……一座座别具一格、拔地而起的奥运场馆让汇聚东方神韵的历史名城北京展现新的风采,也将世界的目光聚焦于此。你知道这些复杂结构的内部应力是怎样分析计算的?它们的强度、刚度和稳定性如何得到保证吗?

用力学概念、原理与方法对人体运动规律进行研究催生了一门新的科学——运动生物力学。你知道这门科学的历史、现状、发展前景以及对保护运动员、提高运动成绩所产生的神奇的作用吗?

挑战流体最低阻力极限的"鲨鱼皮"泳装、由力学性能优化带来的标枪结构演变、从木质、竹制杆到金属杆再到当代最先进的复合材料跳高撑杆……运动器械革命性的改进带来运动成绩革命性的突破,带来竞技体育激烈性与观赏性的大幅度提高。奥运盛会不仅是身体素质、运动技巧与能力的竞技舞台,更是国家科技与经济等整体实力比拼的宏大"战场"。

足球运动员为什么能踢出"香蕉球"绕过人墙?跳水运动员为什么能在空中不受外力时改变自身转轴?排球下落轨迹为什么会飘忽不定?粗糙的高尔夫球为什么比光滑的飞得更远……力

学帮助运动员插上腾飞的翅膀。

中国功夫、踢毽子、竹蜻蜓、回旋镖、抖空竹……北京奥运将向世界展示数千年东方古代灿烂文明和现代高科技融合的神奇和魅力。

本专辑特约的力学专家和自由投稿的力学与体育爱好者将会和您一起欣赏和力学解析奥运。

"更高、更快、更强"的奥林匹克运动宗旨诠释着人类不断挑战极限、探索未知的永恒不变的天性。同一个世界，同一个梦想。2008 北京奥林匹克运动会来了，让我们和全世界的朋友们一起拍手迎接这个历史时刻，享受这个历史盛会。

参考文献

[1] 陈安槐. 体育大辞典−场地与器材的标准[M]. 武汉：武汉出版社，2000.

§31
Section
让科学想象插翅高飞

摘要 全国周培源大学生力学竞赛组委会竞赛进行的重要改革：改变纯笔试的方式，增加合作动手的团体决赛。本章介绍中央电视台《异想天开》栏目拍摄的首届团体赛的专题节目。

2006—2011 年，作者承担了全国周培源大学生力学竞赛组委会主任的工作，根据高教司和竞赛领导小组的指示，组委会对竞赛进行了重要改革，改变纯笔试的方式，增加合作动手的团体决赛，以下是作者为中央电视台《异想天开》栏目组的摄制的首届团体决赛专题节目写的报道：

2007 年 11 月 3 日、5 日和 6 日，中央电视台《异想天开》栏目首播和两次重播了专题节目《奇妙的力学》，全方位报道了第六届全国周培源大学生力学竞赛团体赛。节目播放后，反响热烈。经竞赛组委会与中央电视台协商，该节目录像带已挂在中国力学学会网站 http://www.cstam.org.cn，供免费下载。

1 小时的纪录片，精彩纷呈。这项科技活动由教育部高教司委托举办，参加团体决赛的选手共 20 队，来自 25 所高校，是从全国 29 个省(市)、自治区 197 所高校近万名选手中脱颖而出的优胜者。他们向我们展现了当代大学生的精神风貌与团队合作创新能力。影片适时地穿插对参赛选手的访谈和国内一流力学家、国家级教学名师画龙点睛式的点评，进一步提高了影片的观赏性，图 31.1 是一张竞赛剪影。

图 31.1　竞赛剪影

感谢中央电视台的摄影记者，为我们留下了值得珍藏的全部四轮竞赛过程。第一轮竞赛为"攻防对抗赛"。参赛队各设计一个哑铃发射装置和一个鸡蛋防护装置。捉对"厮杀"，以击破或击损对方的鸡蛋得分。由于此题赛前已公开，各队准备充分。20 门"大炮"一字排开，蔚为壮观。摄影的特写镜头又让"大炮"的全貌和细节一览无遗。"我们不能不叹服选手们的想象力和创造力，力学中的势能转化为动能的原理，能物化出这么多新颖精巧的装置：弹簧牵引发射、重力摆锤击发、滑道导引抛射……。"炮弹"调整自如的命中距离和精度则度量了选手们在动力学、机构运动、摩擦、机械设计等诸方面知识的深度、综合运用能力和动手制作实现能力。

镜头转向鸡蛋保护装置，虽然受限于组委会规定只能用竹筷、纸、细绳和糨糊，选手们仍将力学减震和防震原理和方法用得如此出神入化。层层嵌套的竹筷空间桁架结构、纸卷蜂窝结构……一一清晰呈现。那个家伙怎么浑身长刺？原来是纸仿刺猬，恐怕自恃力大无穷的哑铃炮弹也要忌惮三分。那个装置怎么在空中晃来晃去？原来被悬挂起来。该队选手肯定是领悟了先哲老子"天下之至柔，驰骋天下之至坚"的真谛，或得到了金庸大侠"乾坤大挪移""四两拨千斤"的真传，只见泰山压顶之势射来的哑铃与该装置轻轻一碰，改变了方向，鸡蛋安然无恙，悠然荡起秋千来。再看那里，有一个纸糊的圆形城堡。鸡蛋看不到，怎么瞄准？进攻方说，这是剑走偏锋，防守方则说，这是从隐身飞机得到启发。一查，防守方真还没违反竞赛规则呢。

第二轮竞赛是有裂缝的纸条拉力赛。参赛选手可以挖剪，不能粘补，比试谁的纸条承载能力更高。这轮竞赛源于工程中对结构局部破坏损伤的补救措施，通过钻孔，磨平等措施可以有效减少应力集中，给结构或构件延寿。除了力学考量，加载方式也是选手们斗智斗勇的内容。因为纸条的极限载荷不能事先精确确定，加载次数又规定有限，是每次等重量加载，还是采用黄金分割法或其它方式增加载荷，对于竞赛成绩逼近纸条的实际极限载荷的程度有重要影响。

第三轮不倒翁设计，是力学中复摆知识的应用。

第四轮竞赛是姜太公钓鱼。要求选手自行制作钓台和钓具，比试谁的啤酒瓶钓得多。这个竞赛项目极具观赏性和刺激性。"摩擦自锁"的力学原理衍生出多样化的别具心裁的钓具：类似起重机上从外部夹的两杆夹具，伸进瓶内卡的姜太公直钩，刚好套住瓶口的细铁丝圈套等等。选手们站在钓台上钓。怎么那个钓台特别狭长，钓鱼人躺下了？只见他身手不凡，躺着钓得又准又快。可惜忘了问他，他是运用力学中重心低、距离近，从而稳定性好的知识，还是从先哲老子"江海之所以能成为百谷王者，以其善下之"获得了灵感和智慧？

　　竞赛圆满结束和在中央电视台播放后，好评如潮。我们感谢清华大学提供了如此精彩的赛题和北京工业大学提供了竞赛场地。更感谢赛后的建设性意见，它们是这项科技竞赛活动不断发展的动力和源泉。

　　从收集到的反馈意见看，主要改进建议集中于第二、三轮竞赛。从第三轮淘汰下来的选手虽说没有怨言，也颇有些不服气，认为竞赛甄别度不够。其他专家、教师也有类似意见。其实其中有个原因，原竞赛项目是周期可调装置，因时间紧张，改为固定周期了。这个问题可以在以后的竞赛中研究解决。第二个建议是在第二、三轮竞赛中增加对抗性，以提高趣味性和观赏性。例如第二轮竞赛可否这样改：由组委会提供一套有各种缺口的纸条供临场选择。攻方可裁剪，守方不能裁剪，但同时做实验，攻守转换后，以载荷提高大者为胜。第三轮可否根据航海时钟原理设计，将装置放置在有滚轮的小车上，互相让对手摇动干扰。也许这样对抗的激烈性，竞赛的吸引力、甄别度和在力学学习上的启发性，都会有所改进。

　　看完中央台节目，久久不能平静。用什么词来概括这次大学生科技竞赛活动呢？蓦然，脑海中浮现两位历史巨人的身影。爱因斯坦"想象力比知识更重要"，庄子"乘物以游心"。在自然科学与人文科学的星空，两颗巨星投射的光柱聚集，凸现一个闪光的词：想象。科学想象的翅膀能飞多远？从这些洋溢着青春活力、律动着时代脉搏的年轻选手身上，我找到了答案。记起编辑部和组委会安排写一个报道，连忙起身，匆匆写下这些尚未考虑成熟的文字。

材料
力学
趣话

§32

Section

杆的礼赞

摘要 材料力学课程主要研究杆。礼赞不起眼的杆是栋梁、中流砥柱，挺拔的白杨、高耸入云的青松、雄鹰的翅、飞机的翼、船的桨和橹、风帆的桅、灯的塔、钟表的指针、机械的抓手。科普是科学的基础梁柱之一。作为本书的收篇，献给亲爱的读者，献给大众力学丛书编委会和策划编辑，献给所有为大众科普事业默默奉献的朋友们。

记得初登讲台，一位同学课后问："材料力学就研究杆，有多大学问，多大用处啊？"

我意识到自己备课不充分，于是在第二次讲课时，补充了一段感言：

"我们礼赞杆，它是栋梁，支撑了人类文明的壮美大厦；我们礼赞杆，它是中流砥柱，沧海横流之际傲然屹立，挽狂澜于既倒；我们礼赞杆，它是脊梁，一个国家有了它就有了无坚不摧的力量。杆是挺拔的白杨、高耸入云的青松、雄鹰的翅、建筑的梁柱、飞机的主梁和翼、船的桨和橹，风帆的桅、灯的塔、钟表的指针、机械的抓手……保证杆的强度、刚度和稳定性，就是保结

材料
力学
趣话

构和机械的安全，保世界一份平安。

　　"学习杆的精神，做一颗默默坚守、永不松懈的螺丝钉。"

　　我听到了热烈的掌声。

　　科普是科学的基础梁柱之一，借以上内容作为本书的收篇，献给亲爱的读者，献给大众力学丛书编委会和策划编辑，献给所有为大众科普事业默默奉献的朋友们。

材料
力学
趣话

追寻纯净的科学理想

　　编后心未静，脑海中浮现国家自然科学基金委员会发布的项目分布图，它因反映科研实力而受重视。在按年龄的分布图上，赫然有一道深沟，对应我的同龄的一代。它由 10 年"文革"刻蚀，随年轮移动。改革开放近 40 年后，已开始从图中移出。深沟表示科学虚空，蓦然，我却仿佛看到虚空的深沟中一道耀眼的亮光，引我回到那远逝的岁月。

一

　　我出生在新中国诞生的前一年，故乡益阳是一座历史悠久风景秀美的江南水乡古城。资江澄碧，南岸青山属雪峰山余脉，北岸是富饶的洞庭湖淤积平原，18 000 平方公里的鱼米之乡。出土文物证明，约 5 000 年前，这里就已形成村落。公元前 221 年，秦灭楚，立长沙郡，下设益阳等九县，益阳地名一直沿用至今。益阳老街十余里，沿资江北岸而建，麻石（花岗岩）路面。街道两旁是两或三层高的木房，多由垂直于街道的砖墙分隔加固。

　　新中国成立前科技和生产发展慢，新中国成立初居民的生活还是到河里挑水，用煤油灯照明，烧木柴做饭，用缸灶——陶制小水缸下部敲个洞添柴点火，上面支个铁架使缸灶与锅之间留道通气缝。上学前我就能帮母亲劈柴烧火了，母亲还夸我烧得旺。其实这简单，俗语说，火要空心，用火钳将柴架空，然后用吹火筒（一段竹节钻了孔的竹竿）吹旺，还好玩。木房紧挨着，靠"天井"采光透气。看袅袅炊烟从天井飘向蓝天也很有趣。木柴饭菜香，现在想起还馋。

新中国成立初还没修资江柘溪水库，夏季有水灾。小孩不懂事，会成群看洪水上涨，嬉戏，光着脚蹚漫过街道的急流，看低处沟缝射出的"喷泉"。水涨上来了，看划子（小木船）在大街穿行。我住在临兴街，涨水时家里会浸半米到一两米的水，人就到楼上，一次退水时，邻居在家逮了一条十几斤的大鱼。我也极想逮鱼，却总失望。

外婆家离城十多里，紧邻一口方圆几里的大塘——南道塘，靠着山溪山泉的养育，终年碧波荡漾。现在想来不过是江南水乡常景，那时却觉得趣味无限。塘边和塘中水浅处有碧绿的荷叶，映日红的荷花，针状的莕菜叶，漂浮水面的菱角叶，还有其他各种能吃的和不能吃的、叫得出名字的和叫不出名字的水生植物。

小塘密布。舅舅有时拿起一个冬天烤火烘衣的竹篾罩子，在塘中静停片刻看准，猛插入水。虽说不上十拿九稳，但罩几次，定能从篾罩的上孔里掏出一条大鱼扔上来。没有小鱼，因为早从篾罩的边孔游走了。那时人不贪，抓一两条够吃了，就班师回朝。

外婆家和许多村民有一个有趣的习俗，只吃几种普通的鱼，乌龟、甲鱼、青蛙等"野物"不吃。我在城里的一位单身老伯邻居喜欢吃，所以知道味道还不错。我曾问过为什么不吃，答案很有趣，阎王发配一个人到阳间，猪、鸡、鸭和几种普通的鱼是"打发"的菜，"野物"不是菜。我当时觉得有点好笑。现在想来，这迷信外壳下何尝不蕴含着中华传统美德的内核呢。如果人人都善待大千世界中自由的生命，世界将多美好，又何至于发生像 2003 年非典型性肺炎那样可怕的瘟疫。

245

最忆民风淳朴。孩子们会走路就结伴在外面玩，没有被拐的恐怖。记得我三岁半时的除夕在外婆家，一位不到五岁的表兄哄我去他山里的外婆家，走了十多里，在一个岔道迷了路。一位山民收留了我们，给我们做了年夜饭。因天黑山路危险，第二天才送我们回来。母亲说让大家快急死了，全村都没吃上年夜饭。大家都担心我们掉到塘里或水沟里去了，找了一整晚，就是没想到会进山走这么远。

说到水，的确是那个年代的温柔杀手。我们夏天有机会就会泡到水里，在资江比钻竹排，从水下横过木船，或以捞到砂石为凭比试下潜深度。虽然水清可睁眼看，但毕竟看不远，特别是在被船或竹排遮挡的时候。我腿上有道伤疤就是钻竹排时划的。那时常有小孩溺亡，现在想来真有点后怕。在南道塘就见过惊魂一幕，塘坝有花岗岩涵道放水，一次一位小伙伴去看涵道，一不小心，嗖地一下被水流吸进去了。在大家惊慌失措之际，他在出口被冲出来了，毫发无损，嘻嘻笑着说里面有苔，滑溜凉快，要我们也试试。大家你望着我，我望着你，没人敢试。

涵道放的水从外婆家的村子后流过，日夜欢歌。流水与住房之间，有块空地，夏夜躺在竹床上摇个蒲扇纳凉很舒服，特别那灿烂星空是永远定格在我脑海中的最美图画之一，后来在旅游中，我特别留意追寻那记忆中的星空，却总是失望，星星再也没有那样多，那样亮，横过天际银河失去了昔日的光辉。甚至渺无踪影。我想可能是空气污染，她被灰霾遮盖了；也可能是光污染，她被华灯掩盖了；也可能是我的眼睛已经失去了童年的清澈。不过我相信，那儿时的星空流水是科学梦的生发地，所以应该让孩子们多接触大自然。

二

上初小（那时小学分初、高两段）时中苏关系好，对 1957 年苏联第一颗人造地球卫星大力宣传，探索星空成了自己的理想，也慢慢喜欢上了从俄文翻译过来的科普杂志《知识就是力量》，益阳市图书馆就有。年龄再大点，还喜欢看有详细注释的古典文学普及读物《中华活页文选》。我们的科学家和文学家应当多向儿童和青少年提供好的精神食粮。

向科学进军的号角吹响了。"放卫星"成了流行词，被赋予了到达新高度和创造奇迹的含义。1958年的口号是将钢产量翻一番到1 070万吨。于是全社会动员，土炼钢炉遍地开花，原料是废钢铁。母亲被动员，将一口旧铁锅捐了，她不舍地说还能炒菜。那时街道办起了食堂，不要自己做饭了，小锅还有什么用呢。

我们小小年纪也投身到了这大炼钢铁的热潮，去挑红砖，虽然扁担的一头只能放一块，但是一个年级、甚至一个学校一起出动，一字长龙，场面壮观，战绩也辉煌。小学也建了土炼钢炉，没有电动鼓风机，用老式铁匠风箱——现在恐怕只能在历史电影或博物馆看到了——送风。

出钢水了。只见老师用钢钎将炉口捅个洞，红红的钢水汩汩流出，映红了老师和同学们的笑脸。在老师的指挥下，大家唱起了新歌："炼钢，炼钢，快快炼钢，钢铁元帅要升帐……"接着是锣鼓喜报，庆贺又一颗钢产量卫星上天。日积月累，市里出现了钢锭小山。

粮食也"放卫星"。800斤，1 000元，2 000斤，5 000斤，甚至还有1万、数万、百万斤的，有领导说根据科学家计算，可以达到这样的产量，新闻纪录片也有小孩坐在黄澄澄的稻穗上的场景——能坐人了，你说有多高产。农村也办起了公共食堂，在外婆家包括客人吃饭都不要钱，而且有鱼有肉。因为根据"放卫星"的估算，怎么吃也吃不完啊。

虽然在墙壁上写着标语："人有多大胆，地有多大产。"但私下还是能听到"不谐和的怪话"："这么高的产量，太阳恐怕要从西边出来了。"最后事实证明，还是文化程度低的农民讲科

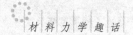

学——实事求是。

热潮退去后发现，那些土法炼的钢，铁匠铺不要，正规的钢铁厂也不要，因为有害杂质多，回炉比直接用铁矿石炼的成本要高。那年，听上中学的大同学抱怨老师出了一道刁钻的化学题，问炒菜的锅和劈柴的斧头哪一个是生铁，哪一个是熟铁？有同学想当然认为，锅日日被火烧，烤熟了；斧头不见火，应当是生铁，结果错了。可能就是土法炼钢的"技师"，也只从老铁匠那儿学了点皮毛，连铸铁和钢的化学成分区别都没弄清楚。

粮食"放卫星"的指标没有实现，加上天灾，全国经历了三年暂时困难。再见南道塘，已经被翻了个底朝天，能吃的全吃了，面目全非。在那段困难时期，她用自己的身躯，救助了大家。后来，南道塘的水被放干，建了农业技术学校。我那儿时的一方乐水啊，就只能永远在记忆的心湖中荡漾了。

有些郁郁葱葱的山秃了，据说大树被砍下来烧炭，用于土法炼钢了。后来还披露，小孩坐稻穗的场景是造假，将周围田里的水稻拔起移到一块地里，自然密到能坐人了。科学教育了我们，要实事求是，不能弄虚作假。自然教育了我们，慎用"人定胜天"的口号。要遵循自然规律，才能建立环境友好型的可持续发展模式。

三

困难时期过去，一切又欣欣向荣。我在小学高年级当选为少先队大队长，以全市第一名的成绩考入初中，当选为班长和学生会主席，一切都是那样美好。然而生活可能瞬间改变，我的家庭出身由"红五类"到"黑五类"，再到摘黑帽，求学经历了"过山车"。

初中毕业的那学期，我被评为市里的"三好学生"。全校才两名，表彰会上未发奖状证书，因为临时通知，要贯彻阶级路线，追加政审。政工老师告诉我，家父新中国成立前是"反动党团骨干",不能填"工人",工人怎么能当会计?还有,我叔父是"现行反革命"……

晴天霹雳,脑子一片空白。回家质问父亲。父亲显得很委屈和痛苦,半晌才挤出话来。新中国成立前家境贫寒,祖父早逝,父亲初小没读完就辍学,13岁时托人情进益阳市最大的"达人袜厂"当童工。新中国成立后,厂里缺会计,大家说父亲算术灵,由人民政府送他去学习培训。我信服父亲的算术,记得上初中时,一次想显摆一下,选了一些有难度的数学题考他。没想到父亲应考了,除了四点共圆这样的几何题外,都做对了。他用的是一些过去我没想过的算术方法和直观图形关系。以后我再也不敢翘尾巴了。

父亲只记得全厂集体听过一次训话,集体填过一张表。但要命的是,在当时"挖出"的国民党名册中,父亲竟是一起当童工长大的这帮"伙计"们的"头"。我是很久以后才从台湾的多党政治角力报道中弄明白国民党的"人头党员"是怎么回事。这个事件牵涉大,在改革开放以后的"益阳县志"中有专题记载。当时我的感觉是,仿佛一下子堕入了深渊。

父亲热爱共产党和社会主义,给我起名"持平",寓意共产党坚持和平,给妹妹起名"信群",寓意共产党相信群众。怎么一下成了"反动党团骨干"呢?我疑惑了。

有道是祸不单行,叔父也出事了。

叔父去了湘潭纱厂工作,出事后失去联系,直到30年后平反,我对叔父的印象就停留在儿时。叔父瘦高,一米八几,元宵佳节,骑着他看舞龙舞狮耍灯。黑压压的人头与我脚平,神气痛快。平日他喜欢带我去郊外。一次我要摘花,被他劝阻了,说了一段话,我后来怀疑是极妙的语言,因为父亲和姑妈都说过他虽然只上了小学,但字好文章好,就是有点狂,自诩胜过某某名家。

大家说他热心肠,助人为乐。就是太倔,认定的事九头牛也拉不回。他这倔脾气在湘潭纱厂又犯了,认为一位领导不公,干了坏事。让他认识错误，写个检查，他不服；继而对他点名批评教育，他仍不服；于是上升到开批斗会。父亲写信劝阻，无效；派姑妈专程去劝他服软认错，也无效。他自以为有理打遍天下（从平反后的状态，我怀疑他那时已患精神分裂症）。终于，他被打成现行反革命关押，关押后仍继续上诉，于是刑期不断增加，直至"文革"结束。

这样"黑五类（地主、富农、反革命、坏分子、右派分子）狗崽子"的黑帽子就牢扣在我头上直至1971年。那年我已经在益阳县芷湖口公社东风7队插队。招工开始了，知识青年开始返城工作，我却自认天上有馅饼也不会掉到我的黑帽子上。

出乎意料，天上的馅饼砸来了。一天生产队支书叫我去，告诉我，根据他们调查，我父亲13岁当童工，只是一个国民党人头党员。他还告诉我，新中国成立前，他这个乡的成人也都被写进国民党名册中当人头，他的一个叔父就是在名册中像我父亲这样的"官"，不能算是"反动党团骨干"。他又说，新中国成立前益阳没有什么真正的产业工人，要我填"城市贫民"。接着他又问了我叔父的情况，说没有联系可以不填。于是我的家庭出身成了"市贫"，因只是国民党人头党员，不是敌我矛盾了。我就能进厂矿当工人了。

我一直对中国农民怀着极大的敬意。他们勤劳善良，心口如一，像水晶般的透明，没有"台上握手，台下踢脚"的脚法，没有整他人黑材料的心机。

叔父到1984年才平反。那时，我作为"文革"后首届研究生已在高校任教，看到平反冤假错案的消息，就给湘潭市中级人民法院写信询问情况。几天后就接到回信，说他们正优先处理对国家有贡献的知识分子的平反问题，我反映的情况将优先处理。又过几天，一位年轻的法官来当面谈。不出一月，平反判决书下达。叔父的案子简单，最大罪状是在被批斗时，骂了那位领导是"土匪"，由此上纲上线，说叔父攻击共产党，妄图推翻无产阶级专政。

工厂恢复了叔父的工作，派车将他从监狱（"文革"后已释放）接回，安排了住房，因叔父已患严重精神分裂症，还请了人照顾。叔父不久就去世了，敬爱的叔父啊，你总算以清白之身离开人间。愿那公平正义的天国，永安你曾经饱受冤屈的灵魂。

四

回到 1964 年。中考通知书终于到了，被录取的同学收到了白纸黑字的报到须知，我收到的是去农村广阔天地的套红贺信。洋洋大观的美文，却没心思读完，因为小道消息早已传言在黑色家庭狗崽子政审表上盖了不予录取的戳记。科学的力量在于它的真实。不讲真话，一切华丽的辞藻都会变得苍白，甚至成为反讽。

有件事觉得还是应当如实记下。也许它正如第 19 届足球世界杯的预言大帝章鱼保罗，纯属巧合，相信科学能够直面一切自然未解之谜和巧合。

母亲来自农村，不识字，勤劳善良，通情达理，难事一人扛着。她憔悴了，却尽力装笑脸安慰我。就在我收拾行装准备下农村之际，母亲将我叫到跟前，眼里闪着希望的光，说"我刚算过八字，你有书读，还会有出息，"我知道母亲并不很迷信，只在极度无助时才这么做，便说："都什么时候了，还迷信。"母亲却仍然认真地说："八字先生说了，你一生贵人相助，好事会有人找上门来，他让你等着。"

说也凑巧，没几天，同班命运相同的一个同学来了，说县里有所民办的长春中学，邀我去，我们被录取了。后来还有凑巧的，我下乡后将家庭出身改正，在矿山被推荐为工农兵学员等等，都让我在人生旅途中，一路感受到助人为乐的善良的人性光辉。

长春中学的办学条件远不如公办中学。我们自力更生，夏天用泥砖砌教室，冬天去资江挑卵石修路，改善了学习环境。校长当年还不到30岁，思想较开放，招了一些品学兼优"出身不好"的学生，聘了一些才高敬业但政治或出身有"问题"的教师，在那段历史时期培养了一批人才，改革开放后在地方和省政府领导机关、中小学和大学、重要文化机构、厂矿企业都取得了不错业绩。2008年，星散各地的校友商定办个聚会，推我写了篇《忆长春中学》短文在湖南日报发表。我想为聚会要写得喜庆一点，将泥砖墙教室用冬雪春花装点，隐现在浪漫晨雾中，让我们的青春步点和读书声为之奏乐。一位老同学见了笑着责问："你这家伙没受过苦？"

1966年，"文化大革命"开始，学生不读书了，都狂热地投身运动。刘少奇主席被打倒了，我却对红头文件的定性感到迷惘。修正主义能理解，但历史怎么能在一夜之间改变，成了叛徒、内奸、工贼？我明白将这种怀疑说出来是危险的。像那个年代的张志新、遇罗克等一些人因为说出了自己的真实看法而被判了死刑（"文革"后平反了，有些还被追认为烈士）。据媒体披露，他们临刑前，还被用刀子割了喉管，以防呼喊"反革命口号"。

我成了"逍遥派"，跟两派同学关系都不错。一次去一个造反组织，由于形势对这一派好像不利，于是一位同学出招，发条消息，说受到"中央文革小组"接见，然后编了一段话。大字报一贴，同派组织立即传抄，不到一天，这条"消息"就贴满了全城。我不认为这些同学坏，这件事更像一个恶作剧、一场恶搞的嘉年华。

中央"文革""文攻武卫"的指示下达，"武卫队"的同学扛着从公安局、检察院、法院（那时这些机关已经被"砸烂"）抢来的枪，很神气。而后两派组织真刀实枪武斗，都手捧毛主席的红宝书，都唱"造反有理"的歌，冒着枪林弹雨冲锋打斗。一些年轻的生命就这样逝去了，也许他们临死时还不明白为什么而死。

长春中学成立"毛泽东思想文艺宣传队"，邀我参加。宣传队水平不错，后来还有人入选专业剧团。我们离开城市文革的打斗，走乡串村，为贫下中农演出。每人每天交 3 毛钱，8 两粮票（那时粮油布肉都是计划供应），生产队再补助一点，管伙食，安排在老乡家睡。当时农村没有什么文艺活动，我们颇受欢迎。

我司职二胡伴奏，也受命编一点对口词、三句半等，这样的节目从编到演，两三小时就能搞定。那时宣传毛主席的最高最新指示不能过夜，晚上下达，立即就要放鞭炮、游行庆祝，不能等到凌晨。宣传队气氛融洽。我偶尔从废品店买来或向他人借来一两本中外名著，借以消磨时间，虽然这些书当时多被定性为"大毒草"，却没有人揭发。

在宣传队一年多时间里，也走过不少河湖沟渠，却连村庄的名字都记不起，倒是出了一些梦游状态的笑话。

一次夏收前的演出后，我被拉下了。"汪、汪、汪……"犬吠声将我从梦游中吓醒。一看，朦胧月光下，狗影幢幢。近处，数条大狗龇牙咧嘴，向我合围狂吠；远处，数不清的狗影隐现，齐吠助威。我装着弯腰拾石，狗影稍退，起身狗又合拢，将我逼出村子，狗倒也不追，吠声平息。然而我试图进村，狗又逼上来了。

一两条狗不怕，这么多狗，万一有一条先扑上来，而后群狗跟上，还不将人撕了。眼看进村无望，索性走到一个较空旷的荷塘边歇息。心一静就感受到水乡夜色之美，似乎不亚于朱自清先生笔下的荷塘月色。听，那"远处高楼的渺茫歌声"已经化虚为实，成为小渠的潺潺流水声；不时扑通的声响，又添上东坡先生"曲港跳鱼，圆荷泻露"的韵致；而稻穗的清香再带来稼轩先生"稻花香里说丰年，听取蛙声一片"的田园乐……

又想起屈原的"渔父"，虽然景仰先生的高洁，但觉得有点像这夜空星辰太高远。人生没有过不去的坎，可以等待，何必非要以死明志呢？听那渔父之歌："沧浪之水清兮，可以濯吾缨。沧浪之水浊兮，可以濯吾足。"天气会变，渔父的欢歌不会变，多快乐、多洒脱……

远远听到呼唤，赶紧回村。同学们怪我梦游，误了大家的睡，领路的老乡只是静静地微笑："城里人胆小，会叫的狗不咬人。"

一日遇一位业余二胡高手，对我称赞之余，还提了点意见，说音偶有不准。于是突发奇想，将手指压弦的位置在弦上标记。我们知道弦长缩短到一半，即手指压到弦中点，音提高八度。这样从低音到高音，指距越来越小。但是这道看似简单的数学题却多天没有解出。我一向对自己的数学自信，没想到这次栽了。

一天偶然在小食品包装纸上看到一道放射性元素半衰期的数学题，才知道困扰多日的难题是一道微分方程题，于是设法弄了一本高等数学教材。刚学过 0/0 型极限，有这个基础，学微积分不难。然而将指距精确算出来后，就发现毫无用处。原来，音高不仅是弦长的函数，还是弦的张紧力的函数。手指压弦，张紧力要变，更别提二胡还有揉弦等技巧。数学物理能够告诉我们音乐中的科学原理，却无法代替音乐家和演奏家的乐感和技巧。

这件事使我无意中进入了高等数学的奇妙天地。我想起了《爱丽丝梦游奇境记》中那只微笑着的猫，它从尾巴尖起，一点一点地消失，最后整个身子消失了，脸也消失了，空气中只剩下它脸上的微笑。这可能是对无穷小分析的最传神的文学描述，它趋于零了，却萃取了物质运动的本质特征——以微笑为喻。该书的作者是数学家——只有数学家，才会创作出这样一只能分离出无穷小厚度的笑容的猫。

转念一想，数学虽然还没有被定性为"大毒草"，至少也冠上"故纸堆"之名了，听说许多科学家已被定性为"反动学术权威"打倒了，何必引火烧身呢？

<h1 style="text-align:center">五</h1>

1968年底，我到益阳县茈湖口公社东风大队第7生产队务农。"文革"已近3年，中学积压的初高中六届学生"批处理"下乡。

东风大队是几个同学经过调研挑选的富庶之地，生产队一百多口人，两三百亩地，每年向国家交征购粮十万斤左右，一个工能摊到七八毛钱，够抵一年所分的粮食钱了。穷队可能一个工摊几分钱甚至是负数，即出工越多，欠钱越多。但工还是要出的，粮食按工分分配，没有工分就没有饭吃。

真务农了，就感觉到农村的艰苦，与在宣传队走乡串村时的感觉不可同日而语。尤其是"双抢"——抢收早稻和抢插晚禾。三伏酷暑一个多月，每天劳作十三四个小时，十分难熬。

最苦的还数从贫困山区来的打禾师傅，背地，大家叫他们为"打禾佬"。湖区田多人少，所以自己开镰备好吃粮后，收割就交给打禾师傅。他们干活忘命，特知足，完工后就会肩挑两袋白米，怀揣微薄工钱，美滋滋地踏上归家之路。

收割比插秧更累。刚下乡时还用扮桶。那是一种上大下小的方形大木桶，将谷粒在桶边上摔下来，全身都要使力。一次，邻队一位打禾师傅中暑去世了，因稻田离村有几里地，途中连树都没有，抢救不及。我去看了，他还年轻，身和脸都晒得黝黑，看不出中暑的痛苦。后事从简，一个年轻的鲜活的生命悄然逝去，如同他未曾在这个世界上存在过。想着在不太远的山区，又增添了一个悲戚和日后生活更艰困的家庭，我心中也一阵酸痛。

双抢期间，队长会特别关照知青，不让逃回家，因为队里请打禾师傅要一笔不菲的开支。凌晨两三点，我们就会被叫醒，揉着惺忪的眼睛上田头。星月下，秧田里，但见人背和后脑，但听哗哗水响，那是在将拔出的秧的根部的泥洗净，然后用一根备好的稻草捆个活结，待天亮后挑到平整好的水田插下。吃完早饭立

材料
力学
趣话

255

即出工，约 11 点回家吃午饭。湖南夏日太阳毒，因此午休时间较长，下午三四点或四五点才会出工，然后劳作到晚上 10 或 11 点。

农村也和城市一样，家家建了宝书台，饭前要向毛主席早请示、晚汇报，也要跳忠字舞表忠心，不过劳作太艰苦，这些活动没能坚持。

我要逃工了。多日浸泡水田，腿已出现多处红点，这是溃烂的前奏。中国农民吃苦耐劳令人钦佩，有人腿长疮，甚至化脓长蛆，仍坚持忙完双抢。我却心有余悸。记得中学下乡支援双抢时划破了脚仍坚持下田，结果化脓了，几个月才好，给脚又添了一道伤疤，于是编了一个不能出工的病，队长明白这套把戏，知道也就一天，就睁一只眼闭一只眼。

睡到天亮起床，浑身舒泰，休息一夜，腿上的红点少了、小了。我不便在生产队游荡，准备到临近知青点去蹭一顿饭。知青点的房子在哑河（围在垸内的原河道）和内堤之间，内堤是交通干道。走上内堤，立即见到一幅层次分明的水乡风景画。内堤处地势最高，村舍坐落在碧绿的菜地和苎麻等经济作物中，外围金色的稻田镶嵌着块块深绿、浅绿和亮褐色，那是秧田、已插秧和待插秧的水田。稻田与蓝天相接处有一条绿带，那是一个大荷藕内湖。夜里下过一场雨，空气特别清新。晨雾一团团，一缕缕贴地飘过，像上天馈赠的透明轻云。"嘭、嘭、嘭……"远处扮桶的配乐轻快有力。这仙境似的美景，我在田间劳作时怎么没能发现呢？心想那过世的打禾师傅，也许他一辈子也没能欣赏到这美景。太阳渐高，炎热来了，我得赶紧走。

农闲要在面向洞庭湖的外堤修水利，工期不能回家。当地老乡因家务事多不愿去，修水利成了插队知青聚会。我们生产队十多人，一人做饭，再派一位高手捕鱼，队里还有点补助，生活不错。堤已很高，要从堤脚向上铺土。一箕土倒下去，仿佛消失了，甚感人之渺小。不过一个大队、一个公社的人合起来，十天半个月，还颇有成绩，许多水利到今天还在发挥作用。

修堤时下棋快乐。在土墩上摆个棋盘，趁给箢箕上土的间隙走一两步，路上还在斗棋。

“将军啰。”

“回去摸摸，你的帅凉了，快没气了。”

棋局大，红日、白云是我们的观众，洞庭涛声为我们的喝彩，大有“棋罢不知人换世”之感。但这种感觉是暂时的，因为下一句是“酒阑无奈客思家”。无酒，更多的是迷茫。

晚饭后坐在稻草堆（过冬炊柴）旁闲谈，听老农民讲往事，新中国成立前没人组织修水利，常倒垸子（溃堤）。

“吓人吗？”

“吓人，蛇最吓人。”

“蛇？”我们忙问原委。

“水将蛇都淹出来了，在露出水面的树枝上盘成‘树上蛇花’。夜里醒来，一摸，身边冰凉，原来是蛇上床陪睡了……”

我没有求证过老农说的是否有夸张。他继续告诉我们，新中国成立后政府组织修堤，还派了部队帮助。新中国成立初期倒过一两次垸子，以后就再也没有倒了。

老农神情接着转为肃穆，告诉我们最后一次大堤决口的情形。当时部队沉了一条机动船横在决口上，战士抱着一袋袋大米去赌窟窿（大米见水膨胀，堵决口比泥沙袋效果好）。无奈水头太高，下去一个就冲走一个。村民们落泪了，齐刷刷跪下，请求首长放弃。我们都深受感动，我们的战士的确是最可爱的人。

老农还告诉我们，倒堤后的一年准是个丰年，因为洪水带来了肥沃的泥沙。多年不倒堤了，外湖泥沙淤积，汛期的水面都高过垸内屋顶了，靠泵站日夜排涝。这是一个摆在各级领导和这个领域的科学家面前的重大课题。对洪水是堵还是疏，如何疏，如何实现环境和生产的可持续发展？

偶尔，在月白风清的晚上，我们荡一叶送粮运物的小船，在澄碧的哑河弹琴吹唱。歌声随着细细的波纹，飘向芬芳的田野，飘上灿烂的星空。我们唱20世纪五六十年代的中外名歌，似乎"文革"之风不渡哑河。记得那时唱的还有任毅的《南京知青之歌》。这是"文革"中一个很奇特的现象，歌的创作者当时已被判死刑，侥幸没有执行。歌却以口相传，唱遍全国。它唱出了知青的感伤与无奈，隐含对学生时代科学梦的怀念。后来还有一本"文革"中传抄的禁书《第二次握手》，作者张扬也是侥幸逃过了死刑。这本当时的禁书更是直接写"科学救国"梦。据平反以后的材料披露，其歌名和书名都是传唱和传抄中由广大歌者和读者起的。

科学梦是人类的天性使然，植根于大众，特别是青少年的血液中。

六

1971年10月，我被招工进湖南省浏阳磷矿四工区当矿工。当时已流传对工种分等级。车钳刨铣电工为技术工种，上等。在工区当普工，下等。下等还可细分，如开卷扬机是下上等，打点挂钩（用栓挂卸矿车与卷扬机缆绳并计量）是下中等，风钻工敬排最后，是下下等。灵活点的同伴就找领导说说情况和要求，我不会这个，当了风钻工。

风钻工的优待是每月3元的有毒工种补助，每月粮食定量53斤，其他最累的工种最多40多斤，坐办公楼的"白领"（借用现在的名词）还不到30斤。

风钻工的这点优待可不白拿。浏阳磷矿是露天矿，每天要扛着七八十斤的风钻在崎岖土松的山路前行，后面还拖着一根风管和一根水管（两人合作）。风管是动力，因为钻机不免要受摔打，用电危险。以前没水，人隐尘雾，下班时口鼻全是灰，所以老钻工难逃尘肺病的宿命。后来钻杆改为中空，水从钻头处流出压尘，基本上解决了这个问题。

　　钻机不免喷水漏油。风钻工还多一套防油防水的橡胶工装。三伏天日班，橡胶工装不透气；三九天零点班，橡胶工装又像能让北风的利刃直穿的筛，艰苦在农村"双抢"之上。好在班长也是风钻工，只要求保证民工有矿石装，不要求干满八小时。因此，在零点班的黎明前最难受的时候，我们往往进入了香甜的梦乡，我还有点喜欢这个工种。

　　我的打钻技术获得了称赞。钻机的操作不难，关键是选钻孔位置。选得好，打几个孔就能爆下足量的矿石；选不好，爆两次下来的矿石量可能还不够，这是实际的力学问题。

　　露天矿比井下作业安全，浏阳磷矿偶有单个死伤发生，但没有发生过像井下那样的群死群伤。一次接班时遇到了一个难题，作业面下方已经炸得凹了进去，上方矿体摇摇欲坠却不能撬下来。危险，在下面开钻很可能被活埋。

　　我打风钻已有些经验了。仔细查看，感到不如初看这么危险。从作业面向左跑十多米就到安全地带，不过几秒钟时间。我见过坍塌，因岩土有内摩擦力，一般有个过程，应当有时间逃脱。事故大多由麻痹和没准备造成，有次远远看到一位农民工在石块滚下来时慌了神，向下跑，结果被滚石追上，砸断了腿。如果他当时镇定，横着跑，事故本可避免。

　　我先选好逃生路线，清除乱石以防被绊倒，然后支上风钻的气腿（风钻的支腿高度可以用气调节）开钻。

　　嘟嘟嘟，嘟嘟嘟……钻杆旋转加冲击，慢慢钻进。我的眼睛紧盯上面松动的矿体。在钻杆进到将近一半时，异样出现了。松矿的裂缝似乎开始变形，缝里还飘出微尘，我赶紧沿选定路线疾跑，到安全地带后回看，工作面情形依旧。我正想是不是神经过敏，虚惊一场，却见松矿裂缝的变形明显了，缝里的尘烟也渐渐由淡转浓。接着矿体变形加快，裂成碎块，"液化"成矿石流倾泻，隐入尘雾中。尘雾升腾，在蓝天下成为壮观的尘云。

　　"谁埋在下面了？"工地领导气喘喘地跑来，了解情况后才

材料
力学
趣话

定心，叮嘱我们注意安全，然后关闭泵站，停止鼓风泵水。下来的矿石，两个班的农民工都运不完。

浏阳磷矿是新矿，带我们的老钻工来自井下煤矿。我们白天一般不会提早下班，工作结束就坐在躲避爆破飞石的工棚内聊天，听老钻工讲井下煤矿的往事。

"煤矿的瓦斯爆炸很可怕吧？"

"可怕，但是水更可怕。"

老钻工见我们疑惑，就给我们讲起了地下水矿难。

井下有瓦斯检测仪和通风设备，因此瓦斯爆炸还可防。但是地下湖甚至地下河位于何处，水量有多少，都不知道。一井矿工的性命，只能交给安全员的经验。

开采中，若发现煤层的湿度微微增加了，或感觉环境微微变凉了，就要当心了，请安全员来判断是否有危险，通常这种判断是模棱两可的，就采取保险措施：原来打 3 米的孔，改为只打 1 米，希望在出事时来得及撤离和封闭坑道。

保险措施并不一定真保险。可能没有小孔流水的预警时间。作业面一旦被冲开，本坑道的矿工没有救，相邻坑道就得看情况了。

老钻工给我们讲过一个恐怖的事故。一次矿难后抽地下水时，发现管道上系着一条相互紧抱的人链，上面离水面还不到一米，不幸的是那管道没有伸出水面。我们的心揪紧了，望望老钻工，表情却看不出变化，也许这样的事情他见多了。现在我看到矿难消息时，就会想起那恐怖的人链。矿工兄弟的生命与我们同样宝贵，我们的管理，我们的科学能够有所作为吗？

最后记叙的事是那个时代的一个特殊现象，这里记下，以完整理解那个时代。

工区党总支书记是一位兢兢业业的工农干部，埋头苦干，待人厚道。虽然生产抓得不错，但往年的年终总结写得不理想，受过批评，见我们这些"文化人"来了，就抽调几人帮他润色。

为了不辱使命，我们参考了当时的优秀总结，发现关键就是要绷紧阶级斗争这根弦，范本是八个样板戏，要有高大全的革命英雄和革命群众，也要有一个或一小撮阶级敌人。工区里有"出身不好"或政治历史有"问题"的人，但表现都不错，我们的书记又实事求是。挖不出阶级敌人，事情就不好办。

这时一件巧事发生了。前面说过，我们风钻班只要求保证民工有活干。一位矿友在零点班提前回来时刚好撞见书记去工地巡视，看到书记的手电光就扭身钻进了路旁的小山。他一身油泥水混杂的深色橡胶工装显得怪异。第二天，书记在全工区大会上讲了这个"黑衣黑裤"的坏人，要我们提高警惕，注意防范。背地，我们都笑破了肚皮，也将"黑衣黑裤"的雅号送给了这位同伴。我们将这件事写进了总结，效果不错。

1973年，我被推荐为工农兵学员，之后又考取"文革"后首届研究生，开始了人生的新阶段。

七

远去了，那故乡夏夜的灿烂星空，那土炼钢炉"钢花"映红的天真烂漫的笑脸，那"红五类"的荣耀和"黑五类"的屈辱，那水乡田头的红色演出，那大战群狗的荒唐经历，那烈日下倒在扮桶旁的打禾师傅，那斑斓的夏收美景和扮桶的美妙音乐，那蓝天白云下和洞庭涛声中的棋局，那恐怖的树上蛇花和水下人链，那矿体坍塌飘向蓝天的尘云……隐入了国家自然科学基金项目分布统计图的深沟。我一下子意识到，这深沟不是可怕的虚空，我仿佛看到的那道亮光，是我们科学深沟一代（大多数人失去了上大学的机会）曾经的科学梦想。"文革"的寒流将它冻结，也将它洗练纯，像珠穆朗玛峰顶的冰雪之光，未染尘埃。如今，它正转化为攀登科技高峰，振兴中华的伟大精神力量。

材料
力学
趣话

材料
力学
趣话